Neuere Kraftanlagen

Eine technische und wirtschaftliche Studie

auf

Veranlassung der Jagorstiftung der Stadt Berlin

unter Mitwirkung von

Dr.-Ing. GENSECKE und Dr.-Ing. HANSZEL

bearbeitet von

E. JOSSE

Professor an der Kgl. Technischen Hochschule zu Berlin
Vorsteher des Maschinenbau-Laboratoriums

Zweite, wesentlich vermehrte Auflage

Mit 93 Abbildungen im Text

München und Berlin

Druck und Verlag von R. Oldenbourg

1911

Vorwort zur ersten Auflage.

Vorliegende Studie ist auf Veranlassung des Kuratoriums der Jagorstiftung der Stadt Berlin entstanden, welches dem Verfasser für die in Frage kommenden Untersuchungen eine Beihilfe zur Verfügung gestellt hat.

Das zu bearbeitende Thema lautete:

»Untersuchungen über die Ausnutzung des Brennmaterials für motorische Zwecke durch Vergasung und Erzeugung von Wasserdampf nach dem gegenwärtigen Stande der Technik«.

Es sollten darin nicht ausschließlich technische Fragen behandelt werden, sondern insbesondere auch Forderungen und Ergebnisse des praktischen Betriebes zur Erörterung gelangen. Es waren daher nicht allein die thermische Ausnutzung und der spezifische Brennstoffverbrauch der einzelnen Kraftmaschinen bei verschiedenen Betriebsverhältnissen auf Grund von Versuchen vergleichend in Betracht zu ziehen, sondern auch alle sonstigen Momente, wie Betriebssicherheit, Anpassungsvermögen, Steigerungsfähigkeit, Anlage-, Betriebs- und Unterhaltungskosten, Raumbedarf usw. zu berücksichtigen.

Die in Betracht gezogenen Maschineneinheiten beschränken sich durch die mit in Vergleich zu ziehenden Sauggasanlagen, deren Einheiten 700—900 PS kaum übersteigen, auf kleinere und mittlere Leistungen.

Mit Rücksicht auf die tatsächliche Entwicklung der Wärmekraftmaschinen während der letzten Jahre habe ich es im Interesse der Vollständigkeit für zweckmäßig erachtet, auch die Motoren für flüssige Brennstoffe mit in die Betrachtung einzubeziehen, die ja heutzutage für Betriebe mittlerer Größe eine hervorragende Bedeutung gewonnen haben.

Die Studie soll sich im wesentlichen darauf beziehen, die durch die einzelnen Wärmekraftmaschinen erreichte Ausnutzung der Brennstoffe in technischer und wirtschaftlicher Hinsicht auf Grund von Versuchen und von praktischen Erfahrungen zu erörtern. Es wurde bei den vielseitigen für die Bewertung eines Maschinensystems in Betracht kommenden Gesichtspunkten davon Abstand genommen, allgemeine Regeln für die Zweckmäßigkeit des einen oder anderen Maschinensystems aufzustellen.

Gegenüber der technisch-wirtschaftlichen Aufgabe der Studie tritt das rein Konstruktive der einzelnen Maschinen zurück; ich habe daher auf eine Besprechung der Bauart der bekannteren Maschinensysteme verzichtet. Dagegen habe ich geglaubt, einige neuere Motoren und Gasgeneratoren, die ich auf Grund eigener Versuche und Beobachtungen kennen gelernt habe, näher besprechen und die betreffenden Versuche bekannt geben zu sollen. Diese ausschließlich technischen Berichte sind, soweit sie nicht bereits anderweitig veröffentlicht wurden, in einem Anhang beigefügt.

Da die Studie einer Anregung der Stadt Berlin ihre Entstehung verdankt, so habe ich Berliner Verhältnisse in erster Linie berücksichtigt.

Die wirtschaftlichen Verhältnisse sind auf Grund von zahlreichen Angaben aus dem praktischen Betrieb beleuchtet.

Für die mir von vielen Firmen, Elektrizitäts- und Kraftwerken in dieser Hinsicht gemachten wertvollen Mitteilungen spreche ich an dieser Stelle den besten Dank aus.

Auch meinen Konstruktionsingenieuren, Herren Dr.-Ing. Hanszel und Gensecke und dem Assistenten Herrn Dipl.-Ing. Hildebrand, die mich bei der Bearbeitung und Sichtung des umfangreichen Materials unterstützt haben, bin ich für ihre anerkennenswerte Mitwirkung sehr dankbar.

Besonderer Dank gebührt aber dem Kuratorium der Jagorstiftung, auf dessen Anregung die vorliegende Arbeit zurückzuführen ist, die, wie ich hoffe, Besitzern und Erbauern von Kraftwerken, Betriebsleitern und Ingenieuren einen Überblick über den gegenwärtigen Stand von Technik und Wirtschaft auf diesem Gebiet ermöglicht.

Der Verfasser.

Vorwort zur zweiten Auflage.

Der Umstand, daß die erste Auflage des Werkchens nach Jahresfrist vergriffen war, berechtigt zu der Annahme, daß die Art der Behandlung des Stoffes entsprochen hat. Bei der Neuauflage sind daher die Grundsätze, die in dieser Beziehung für die erste Auflage aufgestellt worden waren, beibehalten worden.

Der Inhalt hat eine wesentliche Erweiterung zunächst dadurch erfahren, daß außer den kleineren und mittleren Kraftwerken auch die Großkraftwerke in den Bereich der Betrachtung gezogen worden sind. Außerdem haben sich durch die Fortschritte der Technik zahlreiche Ergänzungen und Umarbeitungen notwendig gemacht, insbesondere sind die Einflüsse der Überhitzung, des Dampfdruckes und der Gegenspannung, die Kondensation, die Einzylinderkolbenmaschinen und die neuen Regelverfahren der Dampfturbinen erörtert worden.

Eine ausführlichere Besprechung wurde der Zwischendampfentnahme und den Gegendruck- und Abdampfmaschinen und -turbinen gewidmet. Ferner wurden die Großgasmaschinen und namentlich die Dieselmaschinenanlagen, die sich in hervorragender Entwicklung befinden, berücksichtigt.

Durchgängig wurde die knappe Darstellung beibehalten, die den Überblick fördert.

Auch bei der Bearbeitung dieser Auflage haben die Konstruktionsingenieure am Maschinenbaulaboratorium der Techn. Hochschule Charlottenburg, Dr.-Ing. Gensecke und Dr.-Ing. Hanszel in anerkennenswerter Weise mitgewirkt, wofür ich ihnen hier meinen besten Dank ausspreche.

Der Verfasser.

Inhaltsverzeichnis.

IV. Anlagekosten. 122

V. Anordnung und Raumbedarf von ausgeführten Kraftanlagen.

Bei industriellen Betrieben entfällt ein erheblicher Anteil der Fabrikationsunkosten auf die Erzeugung der Betriebskraft, ja man kann sagen, daß bei dem heute auf das äußerste angestrengten wirtschaftlichen Wettbewerb die Gestehungskosten der Betriebskraft oft für die Rentabilität eines Fabrikbetriebes ausschlaggebend sind.

Vor etwa zwei Jahrzehnten war die Auswahl der Betriebskraft noch wesentlich einfacher als heute; man kannte nur Wasser- und Dampfkraft, allenfalls Leuchtgasmotoren.

Die Wasserkraft kommt für allgemeine Fälle nicht in Betracht, Leuchtgasmotoren werden nur für kleinere Leistungen benutzt; bei den hohen Preisen des Leuchtgases ist ihr Betrieb unwirtschaftlich.

An die Einführung der zentralen Krafterzeugung durch Elektrizitätswerke und an die leichte Verteilbarkeit elektrischer Energie wurden zunächst etwas übertriebene Erwartungen geknüpft, die sich wohl in bezug auf die Bequemlichkeit des Betriebes, aber nicht überall in bezug auf seine Wirtschaftlichkeit erfüllten.

In bezug auf letztere sind neuerdings erhebliche Fortschritte gemacht worden durch die Verteilung hochgespannten Drehstromes (Heruntertransformierung an der Verbrauchsstelle) und die Einführung eines Tarifes, der für die Lichtperiode (5—8 Uhr abends) in den Wintermonaten eine Sperrzeit vorsieht oder wenigstens zur Einschränkung des Stromverbrauches zwingt.

Immerhin bedeutet dies eine Erschwerung, die nicht jeder Betrieb auf sich nehmen kann, und außerdem kommen die für diese Fälle erreichbaren ermäßigten Tarife doch erst bei einem gewissen jährlichen Mindestverbrauch an elektrischer Energie in Betracht, der schon recht hoch ist, also nur für Großkonsumenten Wert hat.

Der anfänglich bedeutende wirtschaftliche Vorsprung des zentralisierten Großbetriebes verminderte sich einesteils durch die Einführung des Heißdampfes bei Dampfkraftwerken, der auch bei Anlagen von mäßigerem Umfang einen wirtschaftlichen Betrieb er-

zielt, andernteils durch die Schaffung der Sauggaskraft-
maschinen und insbesondere der Dieselmaschinen die selbst
kleinere Anlagen von einfachem und billigem Betrieb zu schaffen
ermöglichen. Diese kleineren Kraftwerke vermochten der in einer
Zentrale erzeugten Energie einen fühlbaren Wettbewerb zu bereiten,
da sie die bedeutenden Anlagekosten des Kabelnetzes nicht auf-
zuwenden hatten. Dazu kommt, daß der unwirtschaftliche, weil nur
auf eine geringe tägliche Stundenzahl beschränkte Vollbetrieb von
Zentralen mit vorwiegendem Lichtkonsum auch nur eine ungenügende
Ausnutzung des Kabelnetzes zuläßt.

Trotzdem in den letzten Jahren unter dem Zwang des Wett-
bewerbes der kleineren Einzelanlagen die von den Großkraftwerken
gelieferte elektrische Energie verbilligt wurde, so ist der Preis der
aus dem Kabelnetz bezogenen Kilowattstunde doch nur in Einzelfällen so weit gesunken, daß man auf die wohlfeilere und unabhängige
Energieerzeugung durch eigene Anlagen verzichten konnte. Im
Gegenteil, die bequeme und zugleich wirtschaftliche Krafterzeugung
durch die neuzeitlichen Dieselmaschinen lassen heute mehr als je
zahlreiche Privatkraftwerke entstehen.

Hierzu kommen noch die vielen Fälle, in denen elektrische,
aus einem Netz zu beziehende Energie überhaupt nicht zur Verfügung steht und daher eine besondere Anlage von vornherein notwendig wird.

Besonders wirtschaftlich werden Kraftanlagen, die mit einer
Wärmeversorgung verbunden werden können. In dieser Beziehung sind wirtschaftlich höchst fruchtbare Vereinigungen von
Kraft- und Wärmeversorgung möglich, deren Bedeutung noch lange
nicht genügend geschätzt wird, namentlich nicht von den Stadtverwaltungen.

Der Anstoß zur wohlfeilen Erzeugung von Energie auch in
kleineren Kraftwerken ging von den Generatorgasanlagen aus, die,
zuerst mit Druckgas ausgeführt, durch ihren Übergang zum Sauggasbetrieb an Betriebssicherheit und Einfachheit noch gewannen.
Während sie ursprünglich nur mit Anthrazit und Koks betrieben
werden konnten, ist es allmählich gelungen, Braunkohlen, gewisse
Steinkohlen, minderwertige Abfallstoffe und Torf zu Kraftgas zu verarbeiten. Die Rückschläge, die anfänglich bei größeren Sauggasanlagen aufgetreten sind, haben den Boden für die in der Anlage
und im Betrieb einfacheren und saubereren Dieselmotoren günstig
vorbereitet.

Durch die Verbilligung des Treiböles und die Möglichkeit, auch wohlfeile Schweröle für den Dieselmotorbetrieb verwenden zu können, haben die Dieselmotoren einen gewaltigen Aufschwung genommen, dem der Umstand zustatten kommt, daß die Gewichte der Motoren pro Leistungseinheit dauernd heruntergehen, womit eine Verminderung der Anlagekosten verbunden ist. Anderseits sind die Leistungen der Dieselmotoren für den Landbetrieb bereits auf Einheiten von 2000 PS und mehr gestiegen, für Schiffsantrieb schon auf ein Vielfaches davon.

Aber auch der Dampfbetrieb behauptet daneben erfolgreich seine Stelle. Die Ursache ist darin zu suchen, daß durch die Einführung des Heißdampfes, der Economiser, mechanischer Feuerungen und durch konstruktive Verbesserung der Dampfmaschinen selbst (Ventile im Deckel, geringe Abkühlungsflächen) die Wirtschaftlichkeit, auch bei mittleren Anlagen, wesentlich gesteigert worden ist. Insbesondere muß für kleinere und mittlere Betriebe auf die Heißdampflokomobilen hingewiesen werden, die in der Ausnutzung des Brennmaterials und in ihrer Wirtschaftlichkeit sogar an die Großbetriebe heranreichen. Ein Umstand, der den Dampfbetrieb selbst für kleinere und mittlere Betriebe als unerreicht wirtschaftlich erscheinen läßt, ist die Verwertung des teilweise oder ganz entspannten Abdampfes für Heiz- und Kochzwecke, sei es, daß der Auspuffdampf zur Heizung von Gebäuden oder zum Kochen, Verdampfen für industrielle Betriebe, Zuckerfabriken, Brikettfabriken etc. verwendet wird, sei es, daß er, wie dies in Brauereien, Tuchfabriken u. a. jetzt häufig geschieht, als teilweise entspannter Zwischendampf den Dampfturbinen oder Dampfmaschinen für Heizzwecke entnommen wird. Man fängt auch schon an, bei Maschinen mit Kondensationsbetrieb dem Dampf vor Eintritt in den Kondensator die Wärme ganz oder teilweise für industrielle Verwertung zu entziehen.

In allen Fällen, wo sich Krafterzeugung und Ab- bzw. Zwischendampfverwertung vereinigen lassen, ergibt der Dampfkraftbetrieb bis heute die einfachere und betriebssichere Anlage, die um so wirtschaftlicher ist, je vollständiger die Ausnutzung der Abwärme erfolgt.

Für Großkraftwerke kommt vorläufig noch in der Hauptsache Dampfbetrieb in Frage, und zwar ausschließlich mit Turbodynamos, die bei größeren Anlagen ihre Überlegenheit in wirtschaftlicher und betriebstechnischer Beziehung über die Dampfkolbenmaschinen erwiesen haben.

Nur in besonderen Fällen, wo es sich um Abgasverwertung handelt, wie bei Hochöfen und Koksöfen, hat sich die Großgasmaschine als wirtschaftliche Maschine durchgesetzt, trotzdem ihr die Abdampfturbinen eine Zeitlang infolge ihrer geringeren Reparaturkosten starken Wettbewerb gemacht haben.

Für kleinere und mittlere Betriebe, in denen nur Kraft erzeugt werden muß, stehen außer dem Dampfbetrieb noch die Verbrennungskraftmaschinen, in erster Linie der Dieselmotor, zur Verfügung. Jede dieser Wärmekraftmaschinen hat ihre Eigenart und unter gewissen Verhältnissen ihre Berechtigung.

Die Kennzeichnung der technischen und wirtschaftlichen Eigenschaften dieser verschiedenen Kraftmaschinen und -betriebe muß deshalb die Grundlage für ihre Beurteilung abgeben.

Ich habe es für eine dankenswerte Aufgabe angesehen, der Anregung der Jagorstiftung zu folgen und für diese verschiedenen Wärmekraftmaschinen die maßgebenden technischen und wirtschaftlichen Gesichtspunkte zu erörtern.

I. Die Brennstoffe für motorische Zwecke.

Den Ausgangspunkt einer solchen Studie muß naturgemäß die ursprüngliche Energiequelle, das ist der Brennstoff, bilden, dessen Preis und Heizwert mit der erreichbaren thermischen Ausnutzung in den einzelnen Kraftanlagen der wirtschaftlichen Beurteilung zugrunde zu legen ist.

In Dampfkraftanlagen kann man unter den Kesseln jedes beliebige Brennmaterial verfeuern; dafür kommen bei uns in erster Linie die festen Brennstoffe, Steinkohle, Braunkohle, Briketts, in selteneren Fällen auch Abfälle (Holzspäne etc.), Öl in Betracht.

Für Gaskraftanlagen ist eine Beschränkung in bezug auf den zu verwendenden Brennstoff notwendig. Es können hierfür vorläufig als Brennstoffe verwendet werden: Anthrazit, Koks, Braunkohlen, Braunkohlenbriketts, gewisse Steinkohlensorten, Koksgrus, Torf.

Für Flüssigkeitsmotoren stehen für kleine Einheiten das Benzin und Benzol an der Spitze. Außerdem können verwendet werden Ergin, Petroleum, Naphthalin, für größere Einheiten die billigen Rohölsorten, Paraffinöl, Blauöl, Gasöl etc. Neuerdings werden letztere Öle auch in Dieselkleinmotoren verarbeitet.

Was man in dem Brennstoff ausnutzt, ist der Heizwert; dieser ist ein Maßstab für seine thermische Bewertung, da man darunter die Wärmemenge versteht, die bei vollkommener Verbrennung eines Kilogramm des Brennmaterials frei wird. Der Heizwert eines Brennstoffes richtet sich im wesentlichen nach der Menge seines Kohlenstoff- und Wasserstoffgehaltes.

Die Kenntnis des Heizwertes ist daher für die Beurteilung eines Brennstoffes unerläßlich. Man kann ihn auf Grund einer chemischen Analyse rechnerisch bestimmen, oder man kann ihn kalorimetrisch ermitteln.

Außerdem sind zu berücksichtigen die Korngröße des Brennmaterials, die je nach der Feuerungsanlage bzw. der mechanischen Kohlenförderung und Rostbeschickung bestimmten Bedingungen entsprechen muß, und vor allem der Aschen- und Schlackengehalt und das

Verhalten der Kohle auf dem Rost (ob sie backt, ob die Schlacke fließt etc.). Letzteres läßt sich einwandfrei nur durch den praktischen Versuch bestimmen. In vielen Betrieben ist auch die Rauchentwicklung der Kohle zu beachten.

Bei Sauggaskraftanlagen ist ferner die chemische Zusammensetzung des Brennstoffes zu berücksichtigen. Je weniger Teer und Schwefel z. B. der Anthrazit enthält, um so geringer sind die Reinigungsarbeiten an der Gasmaschine, um so einfacher der Betrieb.

Bei der großen Verschiedenheit in dem Heizwert der Kohle (Steinkohlen 5000—7500 WE/kg, Braunkohle[1]) 1800—3500 WE/kg) spielen in bezug auf die wirtschaftliche Beurteilung des Brennstoffes nicht nur der Anschaffungspreis an der Gewinnungsstelle, sondern auch die Kosten der Fracht und Anfuhr zur Verbrauchsstelle eine Rolle.

Zum Beispiel läßt sich Bitterfelder Braunkohle, die einen Heizwert von nur ca. 2000 WE besitzt und sehr viel Wasser enthält, wirtschaftlich nur in einem Umkreis von ca. 60 km von der Gewinnungsstelle verwerten, da darüber hinaus die Frachtkosten des an sich billigen, aber geringwertigen Brennstoffes zu hoch werden.

Die Verwendung der minderwertigen Rohbraunkohle beschränkt sich daher im wesentlichen auf die Gewinnungsstelle und das ihr benachbarte Gebiet, und nur höherwertige Braunkohlen (böhmische) und Braunkohlenbriketts, bei denen durch ein allerdings kostspieliges Brikettierungsverfahren ein großer Teil des Wassergehaltes durch Verdampfung ausgetrieben wurde, und die dadurch auf einen höheren Heizwert, bis zu etwa 5000 WE/kg, gebracht werden, vermögen wirtschaftlich für ein größeres Gebiet, d. h. für einen weiteren Transport in Betracht zu kommen. Durch die Herstellung von billigen Industriebriketts aus Braunkohlen hat deren Verwendung in letzter Zeit bedeutend zugenommen, namentlich nachdem es gelungen ist, diese auch auf Kettenrosten zu verfeuern.

Mit Rücksicht auf diese Verhältnisse wird man die Wahl eines Brennstoffes für eine Kraftanlage nicht allein von dem Preis an der Erzeugungsstelle abhängig machen dürfen, sondern man wird zu kalkulieren haben, wie teuer 10000 WE an der Verbrauchsstelle, also einschließlich Fracht und Anfuhr, zu stehen kommen. Erst die Berücksichtigung dieser verschiedenen Gesichtspunkte in Verbindung mit dem Verhalten des Brennstoffes im praktischen Betrieb werden eine wirtschaftlich richtige Wahl ermöglichen.

---

[1]) Böhmische Braunkohle ca. 5000 WE/kg.

I. Die Brennstoffe für motorische Zwecke.

Zahlentafel 1. Feste Brennstoffe. Heizwerte und Preise nach dem Stande Anfang 1911.

Herkunft	Größe	Heizwert WE/kg	ab Grube	Frei Bahn Berlin	Kahnfrei Berlin	Frei Hof Berlin[1]	Preis in Pfennig für 10000 WE in Berlin frei Verwendungsstelle	Bemerkungen
			für 1 t = 1000 kg			für 100 kg		
Steinkohlen								
Oberschlesien	Förderkohle	∼7300	9,6—10	20—20,4	16,5—16,9	1,95—2,05	∼ 2,75	Asche u. Schlacke 3—8% z. T. schwachbrauchend
"	Stück,Würfel,Nuß-I	∼7200—7600	12,8—13,4	23,3—23,9	20,6—21,2	2,36—2,52	∼ 3,3	
"	Nuß II	∼7000—7300	10,2—10,6	20,7—21,1	17—17,4	2,0—2,1	∼ 2,85	
"	Kleinkohle	∼6700—7300	8,5—9,2	19—19,7	15,3—16	1,83—1,9	∼ 2,8	
Westfalen	Förderkohle	(7300)—7800	10,5—11,0	21,0—21,5	20,0—20,5	2,2—2,25	∼ 2,95	
"	Stückkohle	(7300)—7800	13,5—16,0	24,0—24,5	23,0—23,5	2,55—2,6	∼ 3,4	
"	Nußkohle	(7300)—7800	11,75—12,5	22,25—23,0	21,25—22,0	2,33—2,4	∼ 3,1	
England	Fettförderkohle	7600	—	—	16,0—18,0	1,86—2,06	∼ 2,6	
"	Stückkohle	6800	—	—	19,0	2,16	∼ 3,2	
"	Kesselerbskohle	6500—7000	—	—	16,0	1,86	∼ 2,8	
"	Kleinkohle	6500—7000	—	—	13,5	1,61	∼ 2,4	
Braunkohlen-Briketts								
Niederlausitz	Industriebriketts (Halbsteine)Würfel	4988	9,8	13,0	—	1,6	∼ 3,2	Zur Kesselfeuerung und Generatorgaserzeugung verwendet (Rückstände gering)
		4700—5060	12,0	15,2	—	1,82	∼ 3,7	
Koks								
Westfalen	Brechkoks	7000	20,0	30,5	29,5	3,25	∼ 4,6	
"	Stückkoks	7000	18,0	28,5	27,5	3,05	∼ 4,35	
Sogenannter engl. Gaskoks zerkl.		—	—	—	—	2,9	∼ 4,3	
Anthrazit								
Westfalen	15/25—45/80 mm	7600—8100	20,0	31,5	29,5	3,25	∼ 4,15	Für Generatorgaserzeugung
Kohlscheider	16/25 mm	8100	—	—	—	3,80	∼ 4,7	
England	Generator-Anthrazit	8200	—	—	37,0—38,0	—	∼ 4,6	
"	Süd-Wales ∼22/42	8465	—	—	39,0—40,0	—	∼ 5,3	
Westfalen	Feinanthrazit 3—8 mm von Zeche Pörtingsiepen	7300	7,5	18,0	—	—	—	

[1] Die niederen Preise gelten im allgemeinen für Wasserfracht, die höheren für Bahnfracht.

Zahlentafel 2. Flüssige Brennstoffe. Heizwerte und Preise nach dem Stande Anfang 1911.

	Spez. Gewicht	Heizwert WE/kg	Preise in Mark		Preis in Pfennig für 10000 WE	Bemerkungen
			für 100 kg in Kesselwagen frei Bahnhof Berlin	für 100 kg frei Hof Berlin		
Galizisches Gasöl	0,83 ~0,9	~10 000	4,25 + 3,6 für ermäß. Zoll = 7,85 + 0,4 für Anfuhr = 8,25	= 8,25	8,25	Zurzeit vielfach für Dieselmotorenbetrieb in Berlin verwendet.
Braunkohlenteeröl (Paraffinöl), Syndikat Halle . . .	0,88—0,9	~9800	8,1—8,6	8,5—9,0	8,9	Treiböl für Dieselmotoren.
Steinkohlenteeröl	1,0—1,1	9000—10000	3,8	4,2	4,65	Als Heizöl für Kesselfeuerungen, im Gemisch mit Paraffin- u. Gasöl für Dieselmotoren verwendbar („Zündölzusatz" rd. 5% Gasöl).
Motorenbenzol	0,88	~10 000	—	20,0	20,0	Faßweiser Bezug; Faß leihweise.
Benzin für Motorenbetrieb . .	0,72	~10160	—	26,0	25,5	
Spiritus (deutsch)						
Gewöhnl. Brennspiritus 90 Vol. %	0,836	~5380	—	34,0 (29 M|100 l)	63,0	Vor dem 1. Oktober 1908 20 M./100 l 24 M./100 kg
Motorspiritus (mit 2% Benzol) 90 Vol. % . . .	0,839	~5560	—	31,0 (25 M|100 l)	56,0	Denaturiert mit Holzgeist, Pyridin, gefärbt mit Kristallviolett.
Motorspiritus mit Benzolgehalt (20%—50%)	0,842—0,857	6280—7580	—	30,5 »	48,5—40,0	
Naphthalin, roh gepreßt . .	1,0	9600	Loco Berlin, 11,4 b. Bezug von 10000 kg lose, 11,5 bei Bezug im Sack		12,0	Gewöhnlich fest. Wird durch Erwärmung verflüssigt und als flüssiger Brennstoff verarbeitet.

In Zahlentafel 1 sind die Heizwerte und Preise von festen Brennstoffen für Dampf- und für Sauggaskraftanlagen einschließlich Fracht- und Anfuhrkosten für Berliner Verhältnisse zusammengestellt, um eine Übersicht zu ermöglichen. Bei größeren Abschlüssen (Kahnladungen etc.) ergeben sich Ermäßigungen.

In Zahlentafel 2 sind die betreffenden Werte für die hauptsächlichen, gegenwärtig im Gebrauch befindlichen flüssigen Brennstoffe angegeben.

Zahlentafel 3 gibt eine Zusammenstellung von gasförmigen Brennstoffen; die darin angeführten Zahlen sind nur Durchschnittswerte, da die Zusammensetzung und Bewertung stark von lokalen

Zahlentafel 3. Gasförmige Brennstoffe.

	Heizwert	Bewertung	Preis in ℳ für 10 000 WE
Hochofengas (Gichtgas) Zusammensetzung in % CO₂ 11,8— 9,6 O 0,2— 0,1 CO 26,0—28,4 H 2,0— 3,5 CH₄ 0,3— 0,5 N 58,9—57,9	im Mittel 900 WE/cbm schwankt nach dem Gang des Hochofens in den Grenzen 700—1025 WE/cbm	0,1—0,15 ℳ/cbm; einschließlich Reinigungskosten des Gases für Gasmaschinen 0,022 ℳ/cbm	1,1—1,6 ℳ
Koksofengas	3500—4200 WE/cbm	0,4 ℳ/cbm	∞ 1,0 ℳ
Leuchtgas	4500—7000 WE/cbm	13 ℳ/cbm	∞ 25 ℳ

Betriebsverhältnissen abhängen und daher schwanken. Trotz der Erzeugung aus festen Brennstoffen können sie als selbständige Energieträger gelten, da sie als Nebenprodukte bei Prozessen entstehen, die nicht der Energieerzeugung dienen; so werden neuerdings fast allgemein die Abgase des Hochofen- und Koksofenprozesses entweder in Gasmaschinen oder zur Dampferzeugung unter Kesseln ausgenutzt. Durch Verwertung dieser früher unausgenutzt in die freie Luft entlassenen brennbaren Gase sind erhebliche Kraftquellen von großer wirtschaftlicher Bedeutung gewonnen worden.

Auf dem ganzen Brennstoffmarkt, gleichgültig ob es sich um feste oder flüssige Brennstoffe handelt, herrschen erhebliche Preisschwankungen und Unsicherheiten in der Preisentwicklung; dies gilt insbesondere für die flüssigen Brennstoffe.

Dieser Umstand erfordert es, daß man bei der Wahl eines Brennstoffes und bei der Anlage der entsprechenden Feuerungen auch die Frage aufwirft, ob man diesen dauernd wird beziehen können. Beispielsweise wäre es unwirtschaftlich, eine technische Anlage für die ausschließliche Verwendung eines ganz bestimmten Brennstoffes einzurichten, wenn man nicht die Gewißheit hat, diesen Brennstoff stets zur Verfügung zu haben. Es ist daher ratsam, sich bei der Errichtung einer Anlage die Möglichkeit zu wahren, auch andere Brennstoffe, die im Notfall herangezogen werden müssen, verarbeiten zu können.

Von wesentlichem Einfluß auf die Preisgestaltung der Brennstoffe ist das abzunehmende Quantum. Dies gilt insbesondere für den Bezug flüssiger Brennstoffe (Rohöl für Dieselmotoren), welche gegenüber dem Bezug in Fässern eine erhebliche Preisermäßigung erfahren, wenn man sie in Kesselwagen bezieht. Die Ursache des erheblichen Preisunterschiedes liegt darin, daß bei Faßbezug ein größeres Gewicht (Faßgewicht) zu verfrachten ist, und Verluste durch Undichtheit und Rückfracht bzw. beim Verkauf der leeren Fässer auftreten. Mit Rücksicht auf die hierbei sich ergebende erhebliche Preisdifferenz ist es angebracht, bei Dieselmotoranlagen von vornherein einen oder mehrere Behälter einzubauen, in dem man eine Wagenladung Brennstoff zweckentsprechend lagern kann. Die rechteckigen, aus Schmiedeeisen hergestellten Behälter können unter der Hofsohle eingebaut werden, sie müssen mindestens von 3 Seiten zugänglich sein und fassen in der Regel je 9000—10000 l.

II. Die erreichbare Ausnutzung der Wärmeenergie in den verschiedenen Kraftmaschinen auf Grund von Versuchen.

A. Dampfbetriebe.

1. Dampferzeugung.

Für Dampfbetriebe kommt heute fast ausschließlich die Verwendung des überhitzten Dampfes in Betracht. Die Überhitzung erfolgt durch unmittelbar in die Rauchzüge der Dampfkessel eingebaute, aus Röhren bestehende Überhitzer. Besonders gefeuerte Überhitzer sind im allgemeinen unwirtschaftlich und werden kaum mehr verwendet.

Auch in Kesselanlagen, welche Dampf lediglich .für Heizzwecke liefern, wird heute vielfach überhitzter Dampf erzeugt, da sich dabei die Wärmeverluste in den Rohrleitungen gegenüber gesättigtem Dampf vermindern lassen.

Bei eingebauten Überhitzern ist die Dampftemperatur abhängig von der Anstrengung des Kessels; die Regulierung der Dampftemperatur erfordert sorgfältige Maßnahmen. Die Regulierung durch die Rauchgasführung führt zu Klappeneinrichtungen, die häufige

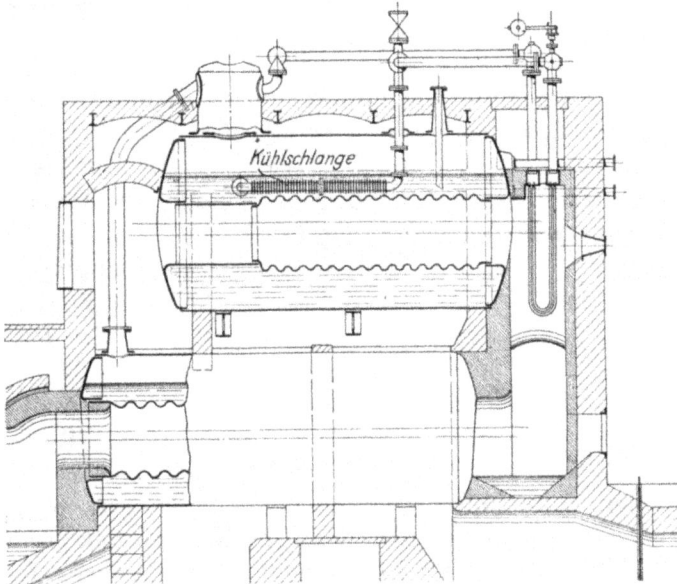

Fig. 1. Doppelkessel mit Heißdampfregler.

Reparaturen benötigen. Am zweckmäßigsten wird die Dampftemperatur durch Mischung von Satt- und Heißdampf geregelt. Neuerdings wird von den Babcock- und Wilcox-Dampfkesselwerken hierzu die in Fig. 1 dargestellte Einrichtung[1]) ausgeführt.

Die Kesselanlagen erfordern zur Aufstellung einen besonderen Raum, der von dem Maschinenraum getrennt sein muß; nur bei

[1]) Der Regler wird aus einem im Wasserraum des Kessels untergebrachten Kühler gebildet, der aus schmiedeeisernen Rippenrohren besteht. Der Kühler ist einerseits durch eine Rohrleitung mit der Dampfaustrittsstelle des Überhitzers verbunden und mündet andererseits an der Dampfaustrittsstelle des Kessels. An dem Kreuzungspunkte der Heiß- und Kühldampfleitung befindet sich ein Dreiwegmischventil, welches die Durchgangsquerschnitte der Heiß- und Kühldampfleitung beeinflußt. Die Wirkungsweise ist derart, daß der im Kessel

Lokomobilanlagen stehen selbstverständlich die organisch zusammengebauten Maschine und Kessel in demselben Raum.

Von den beiden kennzeichnenden Kesselbauarten, Großwasserraumkessel und Wasserrohrkessel, wird der letztere immer mehr
bevorzugt. Für Großkraftwerke kommen fast ausschließlich Wasserrohrkessel zur Verwendung, da sie die Unterbringung größerer
Leistung auf kleinerem Raum ermöglichen.

Die Vorteile des Großwasserraumkessels bestehen in einer guten
Ausnutzung des Brennmaterials (Innenfeuerung) und in dem großen
Wasserinhalt, der ihn besonders geeignet erscheinen läßt für Betriebe
mit schwankender Belastung, insbesondere für solche, in denen zeitweilig starke Dampfentnahmen vorkommen. Er ist weniger empfind-
lich für hartes Speisewasser und er erfordert daher auch geringere
Unterhaltungsarbeiten wie der Wasserrohrkessel. Anderseits besitzt
er den Nachteil größeren Raumbedarfs, der ihn für Großkraftwerke
(Turbinenkraftwerke) nahezu ausschließt.

Außerdem läßt sich der gewöhnliche Großwasserraumkessel von
größerer Leistung nur schwer den heute üblichen hohen Dampfdrücken von 12 Atm. und mehr anpassen, während der Wasserrohrkessel für jeden beliebigen Dampfdruck geeignet ist.

Um größere Heizflächen ohne zu große Durchmesser in Großwasserraumkesseln unterzubringen, baut man heute vielfach Doppelkessel, das sind übereinander gesetzte Flammrohrkessel (s. Fig. 1).

Bei den Wasserrohrkesseln sind die Unterhaltungskosten insbesondere dann höher als bei den Großwasserraumkesseln, wenn
schlechtes Speisewasser vorhanden ist. Es wird dann ein
häufiges Reinigen der Wasserrohre nötig (Ausbohren mittels Druck-
wasserturbinen oder Druckluftapparate). Bei Verwendung von Wasserrohrkesseln und schlechtem Speisewasser ist die Ausführung einer
Wasserreinigung besonders angezeigt. Die Leistungsfähigkeit der
Großwasserraumkessel beträgt je nach den Zugverhältnissen, der

---

erzeugte Sattdampf in bekannter Weise dem Überhitzer zugeführt und dort
auf eine erhöhte Temperatur gebracht wird. Überschreitet diese die gewünschte oder augenblicklich benötigte Höhe, dann wird der Heißdampf
entweder ganz oder teilweise durch den Kühler geleitet. Veranlaßt wird die
gewünschte Dampfbewegung durch eine einzige Drehbewegung am Hebel des
Mischventils. Durch die Herabregelung der Dampftemperatur entstehen keine
Wärmeverluste, da der Heißdampfregler die überschüssige Wärme des Dampfes
wieder an das Kesselwasser abgibt. Das Verziehen und Undichtwerden der
Ausschaltklappen ist vermieden und die Regulierfähigkeit weitgehender als bei
den älteren Einrichtungen.

Rostgröße und dem Heizwert der verfeuerten Kohle 20—40 kg Dampf pro qm Heizfläche und Stunde, die der normalen Wasserrohrkessel 18—28 kg. Neuerdings werden bei Großkraftwerken Wasserrohrkessel mit kurzen Rohrlängen (ca. 3 m, Schiffskessel) verwendet, in Verbindung mit reichlich bemessenen Überhitzern und Economisern. Ein Teil der eigentlich notwendigen Heizfläche des Kessels wird dabei in die Heizflächen des Überhitzers und des Economisers hineingelegt. Diese Kessel liefern 35—45 kg Dampf pro qm Heizfläche und Stunde. Die Economiser erwärmen das Speisewasser bis auf ca. 150° C. Das Wasser muß ihnen mit einer Temperatur von nicht unter 40° C zugeführt werden, um das Schwitzen der Rohre zu vermeiden. Diese Schiffskessel vermögen große Dampfmengen auf kleiner Grundfläche zu erzeugen.

Die Wasserreinigung (Kalk-Sodaverfahren) erfordert Sorgfalt in der Bedienung, damit kein Überschuß von Soda im Speisewasser vorhanden ist, wodurch die Kesselarmaturen angegriffen werden. Das Speisewasser muß den Reinigungsapparaten mit einer Temperatur von etwa 60—70° C zugeführt werden, damit die Ausfällung richtig erfolgt. Die Permutitwasser-Reinigung (und -Enteisenung) erfordert geringere Überwachung, und die Wirkung derselben ist unabhängig von der Temperatur des zu reinigenden Wassers.

Die erste Vorwärmung des Speisewassers erfolgt wirtschaftlich vorteilhaft durch Ausnutzung des Abdampfes der Speisepumpen. Die weitere Vorwärmung des Speisewassers durch die Rauchgase mittels Economiser auf etwa 100—140° erhöht in der Regel erheblich die Wirtschaftlichkeit einer Dampfkesselanlage.

Die Kesselanlagen erfordern bekanntlich zu ihrer Aufstellung die Erteilung einer Konzession, zu ihrem Betrieb geeignete Kesselwärter und unterliegen einer amtlichen Überwachung. Über den Kesseln gewöhnlicher Bauart mit gemeinschaftlichem Wasser- und Dampfraum mit einem Betriebsdruck von mehr als 6 Atm. Überdruck darf nur ein leichtes Dach ausgeführt werden, daher ist der Raum senkrecht über dem Kesselhaus nicht ausnutzbar.

Die Aufstellung einer gewöhnlichen Kesselanlage mit normalen Dampfdrücken innerhalb der Städte ergibt daher eine schlechte Raumausnutzung, die bei hohen Grundstückpreisen besonders unangenehm empfunden wird. Als Ausweg besteht die Möglichkeit, die Kesselanlage im Dachgeschoß aufzustellen, so daß der Raum unter den Kesseln für andere Zwecke verfügbar bleibt. Ein anderer Ausweg besteht darin, entweder den Dampfdruck auf 6 Atm.

zu beschränken, weil solche Kessel unter bewohnten Räumen aufgestellt werden dürfen, oder sogenannte Sicherheitskessel (Wasserrohrkessel ohne Oberkessel) anzuordnen, die ohne Beschränkung des
Dampfdruckes unter bewohnten Räumen aufgestellt werden dürfen.
Sie lassen jedoch nur geringe Beanspruchungen der Heizfläche
(pro qm normal 12—15 kg, maximal 18 kg/Std.) zu und erfordern
unbedingt gereinigtes Speisewasser, da ihre Reinigung zeitraubend
und kostspielig ist. Ein Dampfsammler kann neben dem Sicherheitskessel als erweitertes Rohr angebracht werden. Für Maschinenbetriebe können diese Kessel unbedenklich verwendet werden, wenn
sie mit reichlich bemessenen Überhitzern versehen sind, damit mit
Sicherheit ein Mitreißen von Wasser in die Maschinen ausgeschlossen
ist. Mit diesen Kesseln sind brauchbare Dampfkraftanlagen unter den
schwierigsten örtlichen Verhältnissen geschaffen worden, da die Kessel
in Nebenräumen (Kellerräumen, unterkellerten Höfen etc.) aufgestellt
werden dürfen. Es bestehen z. B. in Berlin eine ganze Reihe von
solchen nach Entwürfen des Verfassers ausgeführten Anlagen, eine
von einer Leistung von 5000 PS (Wertheim, Voßstr., Leipzigerstr.).

Die Abführung der Rauchgase der Kessel erfolgt in der
Regel durch natürlichen Auftrieb der heißen Rauchgase in einem
entsprechend hohen und weiten Schornstein. Der gewöhnliche frei-
stehende gemauerte Schornstein benötigt für die Fundamente eine erhebliche Grundfläche, also Raum und belastet stark den Baugrund (bei
schlechtem Baugrund besondere Vorkehrungen nötig). Bei in Gebäuden eingebauten Kesselanlagen (Sicherheitskessel) werden die
Schornsteine vielfach in den Giebelmauern hochgezogen (s. Fig. 4).
Daher ist keine besondere Grundfläche für den Schornstein nötig
(Ersparnis an Raum und Anlagekosten).

Anstatt durch einen Schornstein abgeführt zu werden, können
die Rauchgase auch mittels mechanischer Einrichtungen
durch ein Blechrohr ausgeblasen werden.

Bei ungenügendem, natürlichem Schornsteinzug (zu kleinem
Querschnitt und zu geringer Höhe des Schornsteins) oder bei Anlagen,
die zeitweise stark angestrengt werden müssen, kann ebenfalls mit
Vorteil der mechanische Zug verwendet werden, indem entweder die
Rauchgase durch einen hinter den Kesseln angeordneten Ventilator
(direkter Saugzug, Sturtevant) abgesaugt werden oder indem die
Geschwindigkeit der Rauchgase durch einen in den Schornstein
eingebauten Strahlapparat erhöht wird, durch den kalte Luft mittels
Ventilators geblasen wird (indirekter Saugzug, Prat, Paris; Gesellschaft

für künstlichen Zug, Schwabach, Berlin). Der Kraftbedarf beider
Systeme ist beiläufig der gleiche und beträgt etwa 1% der in der
Dampfkraftanlage erzeugten Maschinenleistung.

Die Regelung des Zuges erfolgt bei Sturtevant durch Änderung
der Drehzahl des Ventilators, bei Schwabach durch Veränderung
der Querschnitte der Luftdüse sowie des Mischraumes mittelst eines
senkrecht verschiebbaren Doppelkegels; hiermit ist auch gleichzeitig
eine Regelung des Kraftverbrauches verbunden.

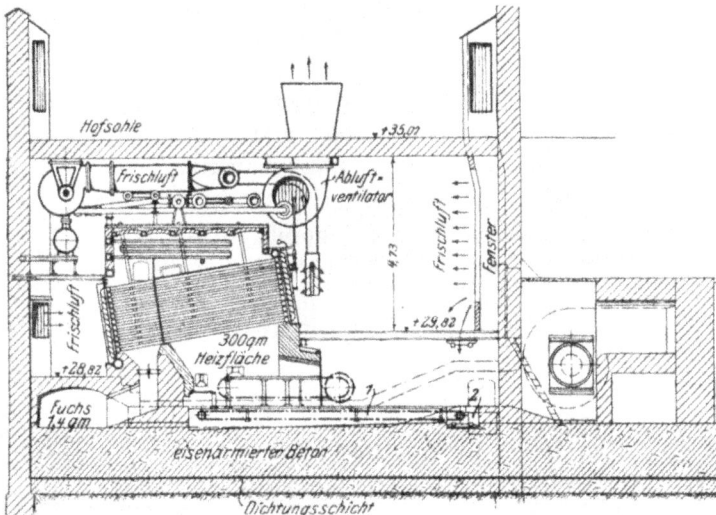

Fig. 2. Sicherheitskesselanlage im unterkellerten Hof mit Saugzug.

Der künstliche Zug gestattet, die Kesselanlage nach Bedarf zu
forcieren, und ermöglicht eine zeitweilige Überlastung knapp be-
messener Anlagen; er bedingt daher unter Umständen eine Ersparnis an Anlagekosten.

Fig. 2 zeigt beispielsweise im Schnitt eine mit 4 Sicherheitskesseln à 300 qm Heizfläche ausgestattete, in einem unterkellerten
Hof untergebrachte, für Maschinenbetrieb dienende Kesselanlage;
die Abführung der Rauchgase erfolgt durch einen Saugzugventilator
(Sturtevant), der die Rauchgase durch einen in der Giebelwand
hochgezogenen Schornstein hinausbläst. Die Lüftung des im Keller
liegenden Kesselraumes wird durch besondere elektrisch angetriebene
Ventilatoren bewirkt. Fig. 3 stellt eine neuere in ein Gebäude eingebaute, normale Wasserrohr-Kesselanlage (6 Atm. Betriebsdruck)
von geringstem Raumbedarf dar, zwei Babcock-Wilcox-Hochleistungs-

kessel von je 140 qm Heizfläche, für stündl. je 5000 kg Dampf mit Rauchgasabführung durch Saugzugventilatoren.

Der indirekt wirkende künstliche Zug (Prat, Schwabach) (siehe Fig. 4) kann gleichzeitig zur Ventilation ausgenutzt werden, indem die Ansaugeluft des Ventilators aus dem zu entlüftenden Raum entnommen wird.

Die Ausnutzung der Brennstoffe in den Dampfkesseln ist außer von der Beanspruchung im wesentlichen abhängig von der Art der Feuerungsanlage und insbesondere von ihrer Bedienung. Daher ergeben sich im praktischen Betriebe von Dampfkesselanlagen sehr erhebliche Verschiedenheiten in der Ausnutzung des Brennmaterials. Bei wirtschaftlich gut geführten Anlagen ist daher die fortlaufende Kontrolle der Verbrennung, die Bestimmung

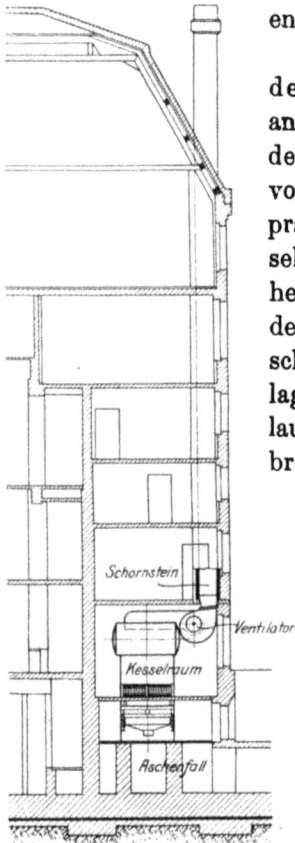

Fig. 3. Im Gebäude eingebauter normaler Kessel (6 Atm.) mit direktem Saugzug.

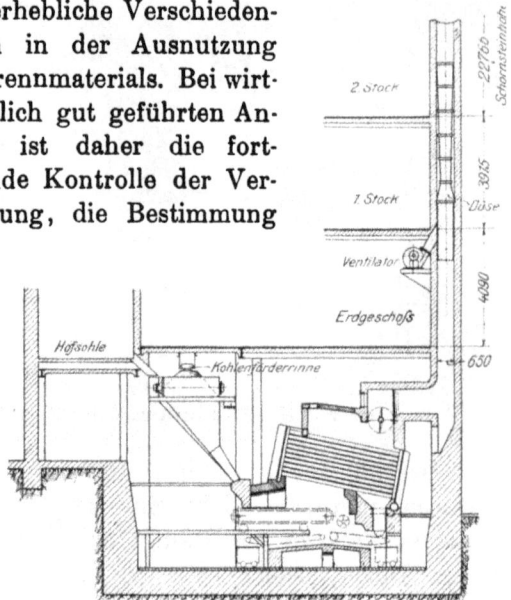

Fig. 4. Sicherheitskessel unter Hof mit indirektem Saugzug.

der verdampften Speisewassermenge und des Kohlenverbrauchs unerläßlich.

Bei Versuchen, also unter den günstigsten Betriebsverhältnissen, werden bei normaler Kesselbeanspruchung bei Großwasserraumkesseln ca. 70—75% der Wärmeenergie der Kohle an den Dampf übergeführt. In Verbindung mit reichlich bemessenen Economisern vermögen Doppel-Cornwallkessel selbst minderwertige Brennstoffe mit einem Nutzeffekt von 75—80% auszunutzen.

Größere Unabhängigkeit von der Geschicklichkeit des Heizerpersonals wird durch die mechanischen Rostbeschickungen und die Schrägroste erzielt, bei denen der Brennstoff unter Luftabschluß kontinuierlich aufgegeben, daher rationell verfeuert wird, und die damit gleichzeitig Rauchverminderung bewirken. Während die Wurffeuerungen (Leach-, Axer-, Seybothapparate, Topffeuerung) sich besonders für Cornwallkessel eignen, hat bei Wasserrohrkesseln die Einführung des mechanischen Kettenrostes eine hohe Ausnutzung und eine fast rauchfreie Verbrennung ermöglicht. Alle mechanischen Rostbeschickungen erfordern die Innehaltung bestimmter Korngrößen des Brennmaterials, wenn keine Brechwerke vorhanden sind.

Bei Versuchen, die von mir an einem Wasserrohrkessel von 290 qm Heizfläche mit Überhitzer und einem Babcock-Wilcox-Kettenrost im Maschinenbau-Laboratorium der Kgl. Techn. Hochschule Charlottenburg bei verschiedenen Belastungen durchgeführt worden sind, wurden bei Normallast 73,5%, bei $^3/_4$ Last 71% und bei $^1/_2$ Last noch 70% Nutzeffekt erzielt.[1]) Mit Economisern wird bei Wasserrohrkesseln eine Brennstoffausnutzung von 76—80% erreicht. Am geeignetsten ist der Kettenrost bei konstanter Belastung. Bei schwankenden Betrieben erfordert seine Bedienung eine gewisse Geschicklichkeit, Aufmerksamkeit und Voraussicht. Der Kettenrost eignet sich für Steinkohlen (auch Feinkohlen) und für Braunkohlenbriketts. Braunkohlen sind rationell nur auf Treppen- oder Schrägrosten zu verfeuern (Feuerungen von Topf, Erfurt; Keilmann & Völcker, Bernburg u. a.). Mit der Halbgasfeuerung von Keilmann & Völcker werden bei Wasserrohrkesseln (ohne Economiser) noch mit minderwertigen Braunkohlen von ca. 2200 WE Heizwert 72% Nutzeffekt erzielt und im Betrieb 12—14% CO_2 in den Abgasen erzeugt.

Bei Verfeuerung von Braunkohlen sind besondere Vorkehrungen zur Ablagerung und leichten Entfernung der reichlichen Flugasche zu treffen (Wasserrohrkessel bei minderwertiger Braunkohle nur schwach, max. 16—18 kg/Std. und qm Heizfläche, zu beanspruchen). Die Neigung der Schrägroste muß der zu verfeuernden Kohlensorte angepaßt werden.

Alle mechanischen Rostbeschickungen und die Schrägroste eignen sich ganz besonders für die mechanische Zuführung des Brennstoffes, die sich immer mehr und mit Recht einbürgert,

---

[1]) Siehe Zeitschrift f. d. ges. Turbinenw., Jahrg. 1907, Heft 34/35, Josse, Dampfturbinen der Techn. Hochschule Charlottenburg.

Zahlentafel 4. Kesselfeuerung mit flüssigem Brennstoff.

Ergebnisse von Versuchen an einem 66,11 qm Heizkessel der Kgl. Technischen Hochschule Charlottenburg.

Brennstoff	Zerstäuber-system	Verfeuertes Ölgewicht kg/stdl. pro Brenner kg	Verfeuertes Ölgewicht insgesamt kg	Speisewasser-gewicht insgesamt kg	Verdampfung brutto	Verdampfung netto	Dampfverbrauch	
Steinkohlenteeröl Heizwert 8970 WE/kg	Zentrifugal-zerstäuber Druck-zerstäuber	50	407,5	4793	11,7	11,7	Zur Vorwärmung des Öles auf 137° C 24 kg stdl. 0,24 kg/kg Öl stdl.	Für die Öldruck-pumpen 14 kg stdl 0,14 kg/kg Öl stdl.
»	Dampf-zerstäuber	57	743	8464	11,4	11,4	Dampf zur Zerstäubung (auf 1,5 Atm. gedrosselt) 61 kg stdl. 0,5 kg/kg Öl stdl.	Öl auf 60° C vorgewärmt
»	Druckluft-zerstäuber	60	851	9856	11,6	11,6	Druckluft-verbrauch 60 cbm stdl. (b. atm. Spannung, 15° C) 0,52 cbm/kg Öl stdl.	Druckluft auf 60° C vorgewärmt Öl auf 60° C vorgewärmt

Zahlentafel 5. Versuche über Energieverluste in einer Dampfleitung.

Gemessen im Masch.-Lab. d. Techn. Hochschule Charlottenburg. Länge der Leitung 112 m (zwischen den Meßstellen); L. W. 100 mm. In der Dampfleitung befanden sich 1 Eckventil (nicht isoliert), 2 Durchgangsventile (nicht isoliert), 1 T-Stück, 11 Krümmer, 2 Kompensationsbogen und 1 zylindrischer Wasserabscheider von 600 mm Durchmesser und 1000 mm Höhe (dies alles isoliert). Länge der einzelnen Rohrstücke 3500—5500 mm.

Versuch Nr.		I	II	III	IV
Stündl. Dampfgewicht	kg	5110	3880	2900	(7000)
Druck am Kessel	Atm. Überdr.	11,97	12,55	12,65	—
» Ende Leitung	»	9,43	11,09	11,61	—
Druckabfall (einschl. Druckverlust im Überhitzer)	Atm.	2,54	1,46	1,04	—
Temperatur am Kessel	°C	331	331	324	—
» Ende der Leitung	»	303	294	279	—
Temperaturabfall in der Leitung	»	28	37	45	—
Mittlere Dampfgeschwindigkeit	m/sek.	42,8	28,8	20,6	(58,8)
Wärmeinhalt des Dampfes am Kessel	WE/kg	746	745,8	742	—
» Ende Leitung	»	733,4	727,1	719	—
Wärmeverlust insgesamt	»	12,6	18,7	23	—
» insgesamt	%	1,72	2,57	3,2	—
Verfügbares Wärmegefälle, Zustand am Kessel	WE/kg	221	223	221	—
» » Ende Leitung	»	207,5	210	207,5	—
Thermischer Wirkungsgrad der Leitung		0,939	0,942	0,938	—
Temperaturabfall pro 1 m Leitungslänge	°C	0,25	0,33	0,40	—

Gegenspann. des Kondensators zu 0,06 Atm. abs. angenommen.

2*

weil sie ebenso wie die mechanische Rostbeschickung an sich eine weitere Ersparnis an Bedienungspersonal zur Folge hat und es ermöglicht, mit weniger, aber intelligenteren Leuten auszukommen. Dazu kommt die größere Unabhängigkeit von den Arbeitern. Je größer die Anlage, um so mehr ist die mechanische Kohlenzuführung am Platze.

Eine größere Bedeutung hat neuerdings auch für Deutschland die Feuerung mit flüssigem Brennstoff bekommen. In den Ländern, in denen Erdöle vorkommen, ist dieselbe für Dampfkessel schon längst mit Erfolg in Betrieb, so in Amerika, Rußland, Rumänien, Galizien, und zwar nicht nur für Lokomotiv- und Schiffskessel, sondern auch für stationäre Anlagen. Für Deutschland kam diese Feuerung bisher weniger in Betracht, da die Produktion an Erdöl relativ gering ist, ausländische Öle aber wegen des Zolles und der hohen Frachtkosten zu teuer sind.

In den letzten Jahren jedoch ist durch die Entwicklung der Teerölindustrie die Frage der Feuerung mit flüssigem Brennstoff für Deutschland wieder in den Vordergrund des Interesses gerückt. Durch Einführung der Koksöfen mit Gewinnung der Nebenprodukte ist eine ergiebige Quelle geeigneter flüssiger Brennstoffe geschaffen worden, und da die Teerproduktion sehr steigerungsfähig ist, so ist auch für Deckung eines größeren Verbrauches gesorgt. Das Teeröl eignet sich sehr gut für das Verfeuern unter Kesseln, wie durch Versuche an einem Heizkessel der Techn. Hochschule Charlottenburg mit verschiedenen Brennern festgestellt wurde. In Zahlentafel 4 sind die Ergebnisse dieser Versuche mit drei Hauptarten der Zerstäuber dargestellt. Die Ausnutzung der Brennstoffwärme war dauernd über 80% ohne Speisewasservorwärmung. Dabei war der Aufwand an Betriebsmitteln zur Zerstäubung des Brennstoffes äußerst gering. Bei der reinen Druckzerstäubung, bei welcher das Öl unter einem Druck von 4—7 Atm. durch eine feine Öffnung austritt und dabei fein zerstäubt wird, betrug der Dampfverbrauch für die Öl-Druckpumpe nur 0,14 kg stündlich pro kg Öl. Bei der Dampfzerstäubung, die den Vorteil großer Einfachheit hat, betrug der Dampfverbrauch 0,25 kg stündlich pro kg Öl. Die Druckluftzerstäubung, die infolge der Kompressoranlage teurer wird, hat den Vorteil, daß durch Vorwärmung der Druckluft die Verbrennungstemperatur gesteigert werden kann, die Heizgase weniger Wasserdampf enthalten als bei der Dampfzerstäubung, so daß daher auch diese Feuerung besonders für keramische Öfen geeignet wird; der Druckluftverbrauch betrug nur 0,25 cbm (atm. Spannung, 15° C) stündlich pro kg Öl. Es stellen diese Werte

Grenzzahlen dar, die für den praktischen Betrieb mit einem gewissen Zuschlag eingesetzt werden müssen.

Die einfachste und verbreitetste Kesselfeuerungs-Einrichtung für flüssige Brennstoffe ist die Dampfzerstäubung; jedoch bei solchen Anlagen, bei denen möglichst der ganze Dampf als Kondensat zurückgewonnen werden soll, wird besser die reine Druckzerstäubung angewendet, bei welcher gar kein Verlust an Dampf einzutreten braucht. Bei solchen Betrieben, in denen Kompressoranlagen bereits vorhanden, wird auch die Zerstäubung mit Preßluft wirtschaftlich.

Die wirtschaftliche Ausnutzung der Brennstoffe in Dampfkesseln erfordert, abgesehen von einer richtig angelegten und bedienten Feuerung, eine sorgfältig ausgeführte und unterhaltene, möglichst luftundurchlässige Kesseleinmauerung und die Vermeidung von Öffnungen, durch welche kalte Luft in die Züge einströmen kann; daher sind beispielsweise die dichteren Drehklappen den gewöhnlichen Rauchschiebern, die meist große Schlitze haben, vorzuziehen.

Ein ökonomischer Kesselbetrieb verlangt ferner eine möglichst kontinuierliche Speisung. Die beste Kesselspeisepumpe für den Betrieb ist die schwungradlose Duplex- oder Simplex-Dampfpumpe (Weise & Monski, Worthington; Schäffer & Budenbergs Voithpumpe u. a.), da sie sich der jeweiligen Dampfentnahme genau anpassen läßt. Diese Pumpen besitzen zwar den Nachteil sehr hohen spezifischen Dampfverbrauches; er kann aber dadurch wirtschaftlich umgangen werden, daß der Abdampf der Pumpen zur Vorwärmung des Speisewassers ausgenutzt wird. Die Betätigung der Speisepumpen, entsprechend der Dampfentnahme im Kessel, kann jetzt mit Sicherheit selbsttätig durch zuverlässige Speisewasserregler (Hannemann, Berlin; Reubold, Hannoversche M.B.A.-G.) erfolgen.

Elektrisch betriebene Zentrifugalpumpen als Speisepumpen erscheinen vorläufig nur für größere Leistungen zweckmäßig.

Vorwärmung des Speisewassers ist teils aus wirtschaftlichen Gründen, teils wegen des günstigeren Verhaltens der Kessel im Betriebe so weit als möglich anzustreben; sie erfolgt am billigsten durch Ausnutzung der Abwärme der Rauchgase oder des Auspuffdampfes von Hilfsmaschinen.

Economiser (Vorwärmer) erfordern viel Raum und große Heizfläche, sie sind daher nicht immer unterzubringen. Die Anschaffungskosten sind nicht unerheblich. Außerdem erfordert ihr Einbau ausreichenden Schornsteinzug. Vor Anlage eines Economisers ist daher eine Prüfung des wirtschaftlichen Erfolges angezeigt. Je größer die tägliche Betriebsstundenzahl, um so wirtschaftlicher ist die Anlage des Economisers.

Kessel- und Maschinenanlage müssen durch eine Dampf-leitung verbunden werden, die Verluste durch Wärmeausstrahlung, Spannungsabfall und Entwässerung verursacht. Diese Verluste werden um so kleiner, je kürzer und einfacher die Dampfleitung geführt ist. Verschwindend sind diese Verluste bei den Lokomobilen; bei ort-festen Anlagen sind sie nach Möglichkeit einzuschränken, Kessel und Maschine daher so dicht als möglich zusammenzusetzen. Dadurch, daß man die Rohrleitung mit stetigem Gefälle zur Maschine führt, kann man die Zahl der anzubringenden Entwässerungen häufig auf nur eine kurz vor der Maschine beschränken und damit die Wärme-verluste durch Kondenstöpfe und Kondensleitungen vermindern. Diese Anordnung ist besonders bei überhitztem Dampf angezeigt, da hier Leitungskondensat nur bei dem Anlassen auftritt. Die bei Leitungen mit überhitztem Dampf im Betrieb nachgewiesenen Kondensatmengen werden häufig nur durch die Abkühlungsverluste zu langer nicht isolierter Entwässerungsleitungen verursacht.

Der Temperaturabfall in der Leitung mit überhitztem Dampf sinkt mit der Zunahme der Dampfgeschwindigkeit, anderseits steigt damit der Spannungsabfall (s. Versuche Zahlentafel 4 und Fig. 5).

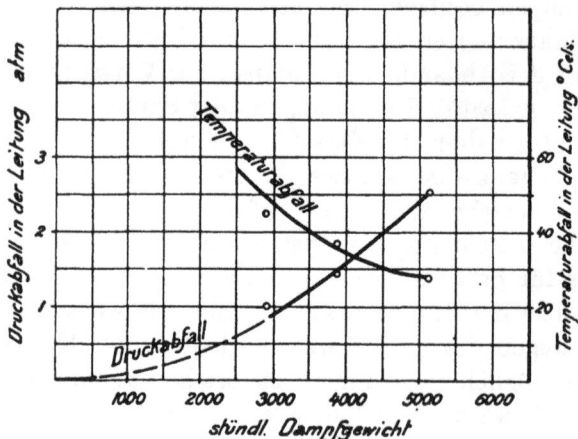

Fig. 5. Temperatur- und Spannungsabfall in Rohrleitung
mit überhitztem Dampf.

Höhere Dampfge-schwindigkeit insbe-sondere bei längeren Leitungen ist wegen der kleineren Abküh-lungsverluste wirt-schaftlich günstig. Maßgebend ist der thermische Wir-kungsgrad der Rohr-leitung, der möglichst hoch anzustreben ist, so daß die Verluste aus Spannungsabfall und Abkühlung ein Minimum werden. Eine sorgfältige Wärmeisolation der Dampfleitung ist immer wirtschaftlich. Bei den Leitungen mit überhitztem Dampf muß die Ausdehnung durch die Wärme besonders sorgfältig be-rücksichtigt werden (Kompensationsbogen, Gelenke, Stopfbüchsen).

2. Ausnutzung der Dampfenergie in Dampfmaschinen und Turbinen.

Die Umsetzung der Dampfenergie in mechanische Arbeit kann mit Kolbendampfmaschinen oder mit Dampfturbinen erfolgen. Die Faktoren, welche für die Ausnutzung der im Dampf enthaltenen Energie maßgebend sind, sind Eintrittsdruck, Überhitzung und Gegenspannung.

Einfluß des Dampfdruckes. Es ist selbstverständlich, daß mit steigendem Drucke des eintretenden Dampfes das verfügbare Wärmegefälle größer wird. Es ist jedoch auf der anderen Seite zu untersuchen, in welchem Maße die Wärmeausnützung mit dem Dampfdruck steigt und ob nicht schließlich bei einer immer weiter getriebenen Steigerung des Druckes sich Unzuträglichkeiten einstellen, denen gegenüber die rein thermischen Vorteile nicht ins Gewicht fallen. Als normale Spannung des eintretenden Dampfes gelten heute fast allgemein 12 Atm. Überdruck. Bei diesem Druck ergeben sich keinerlei Anstände für Betrieb und Bau von Kesseln und Rohrleitungen. Der Einfluß einer Steigerung des Dampfdruckes ist in Zahlentafel 6 und Fig. 6 veranschaulicht. Fig. 6 zeigt, daß bei 12 Atm. Druck

Zahlentafel 6. Einfluß des Dampfdruckes.
Dampftemperatur 300°. Vakuum 95%. Gütegrad der Wärmeausnützung 70%.[1]

Dampfdruck Eintr. Turbine Atm. Üb.	17	15	13	11	9	7	5
Verfügbares Wärmegefälle . WE/kg	227,8	224,5	220,5	216	210,8	204,2	195,1
Stdl. Dampfverbrauch für 1 PS kg/Std.	3,97	4,02	4,09	4,17	4,28	4,42	4,62
Mehrverbrauch für 1 PS . . »	—	0,05	0,12	0,20	0,31	0,45	0,65
» » 1 » . . %	—	1,26	3,02	5,05	7,81	11,34	16,38
» » 1 Atm. Druckminderung . . . . . . %	0,6	0,7	0,9	1,15	1,45	1,9	2,7
Wärmezufuhr für 1 kg Dampf[2]) WE/kg	697,2	698,4	699,6	700,9	702,1	703,4	704,6
Stdl. Wärmeverbrauch für 1PS WE/Std.	2770	2805	2855	2925	3005	3110	3250
Mehrverbrauch für 1 PS . . »	—	35	85	155	235	340	480
» » 1 » . . %	—	1,26	3,07	5,60	8,48	12,28	17,32

[1]) Alle Gütegrade sind berechnet unter Annahme adiabatischer Expansion bis auf die Gegenspannung.

[2]) Temperatur des zur Kesselspeisung benutzten Kondensates zu 30° angenommen.

eine Atmosphäre Drucksteigerung etwa 1% Gewinn bringt, bei 15 Atm. würde eine weitere Steigerung um 1 Atm. nur noch 0,7% Gewinn ergeben. Man ersieht hieraus, daß die Bestrebungen, durch Druckerhöhung über den jetzt üblichen hinaus wirtschaftliche Vorteile zu erreichen, nur verhältnismäßig geringen Erfolg haben können. Über-

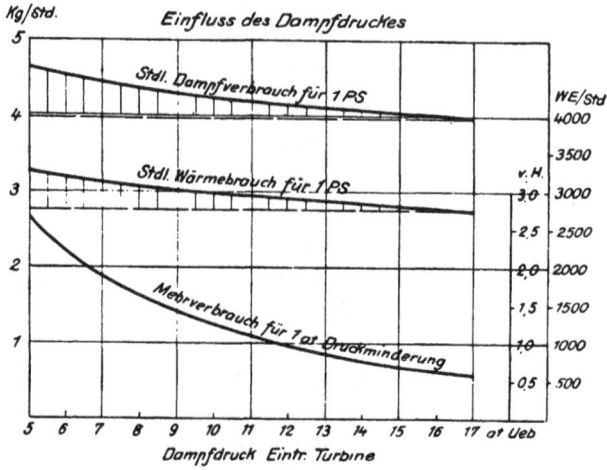

Fig. 6.

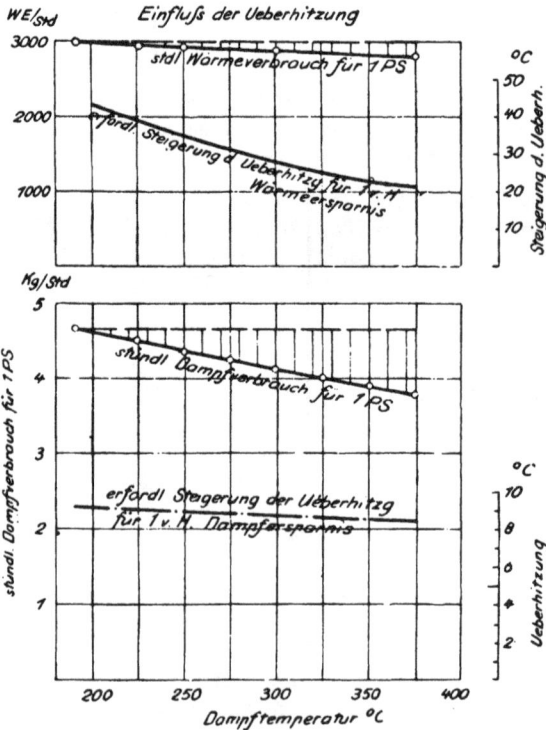

Fig. 7 und 8.

dies ist sicher, daß bei Dampfturbinen der in Fig. 6 veranschau-
lichte Gewinn praktisch nicht einmal ganz erreicht wird. Denn es
ist bekannt, daß die Hochdruckstufen von Dampfturbinen im allgemeinen den schlechtesten Gütegrad der Wärmeausnutzung haben.

Der Einfluß der Überhitzung des Dampfes, theoretisch
betrachtet, ist in Zahlentafel 7 und in Fig. 7 und 8 veranschaulicht, und
zwar ist der Gewinn ermittelt worden unter der Voraussetzung, daß
der Gütegrad der Wärmeausnutzung, d. i. das Verhältnis der wirk-

Zahlentafel 7. Einfluß der Überhitzung.

Druck des eintretenden Dampfes 12 Atm. Üb.   Vakuum Austritt Maschine 95 %.
Gütegrad der Wärmeausnutzung 0,70.

Dampftemperatur Eintritt Maschine °C	191	225	250	275	300	325	350	375
Überhitzung . . . . °C	0	34	59	84	109	134	159	184
Verfügbares Wärmegefälle . WE/kg	193,5	201	206,6	212,5	218,5	225	231,5	238,4
Stündlicher Dampfverbrauch für 1 PS kg/Std.	4,67	4,50	4,37	4,25	4,14	4,02	3,91	3,79
Ersparnis an Dampf für 1 PS kg/Std.	—	0,17	0,30	0,42	0,53	0,65	0,76	0,88
Ersparnis an Dampf für 1 PS . . %	—	3,64	6,43	9,00	11,35	13,92	16,26	18,84
Erforderl. Steigerung der Überhitzung für 1 % Dampfersparnis . . °C	9,2	—	8,9	—	8,7	—	8,5	—
Wärmezufuhr für 1 kg Dampf[1]) WE/kg	638,9	659,0	673,1	686,6	699,8	712,8	725,7	738,5
Wärmeverbrauch für 1 PS WE/Std.	2985	2960	2940	2920	2900	2870	2840	2800
Wärmeersparnis für 1 PS WE/Std.	—	25	45	65	85	115	145	185
Wärmeersparnis für 1 PS . . . %	—	0,84	1,51	2,18	2,85	3,87	4,86	6,2
Erforderl. Steigerung der Überhitzung für 1 % Wärmeersparnis . . °C	$\sim$45	$\sim$39	$\sim$34	$\sim$30	$\sim$27	$\sim$25	$\sim$23	$\sim$21

---

[1]) Temperatur des zur Kesselspeisung verwandten Kondensates zu 30° an
genommen.

lichen zur theoretisch möglichen, unabhängig vom Überhitzungsgrade
ist. Wie weit dies bei den einzelnen Maschinengattungen zutrifft,
muß im einzelnen festgestellt werden. Bei der Beurteilung des Ein-
flusses der Überhitzung ist natürlich nicht die Verringerung des Dampf-
verbrauchs maßgebend, es kommt vielmehr der Wärmeverbrauch
in Betracht.

Fig. 8 zeigt, daß eine Verbesserung des Dampfverbrauches um
1 % eine Steigerung der Überhitzung um 8—9° C bedingt. Beachtet
man aber, daß die Steigerung der Überhitzung auch eine Mehrzu-
führung von Wärme an den Dampf bedeutet, und legt man für die
Beurteilung den Wärmeverbrauch zugrunde, so erscheint der Nutzen
durch Überhitzung sehr viel geringer, indem erst durch Steigerung

der Temperatur um 30—40⁰ C eine Verringerung des Wärmeverbrauches um 1 v. H. erzielt wird (Fig. 7).

Praktisch ist der Einfluß der Überhitzung im allgemeinen nicht so ungünstig zu beurteilen, denn vielfach bewirkt die Anwendung der Überhitzung eine Steigerung des Gütegrades der Wärmeausnutzung in der Maschine sowohl wie im Kessel. Bei Kolbenmaschinen ist die Verbesserung des Gütegrades durch die Anwendung von überhitztem Dampf vielfach durch Versuche nachgewiesen worden. Durch die Verminderung des schädlichen Wärmeaustausches zwischen Dampf und Wandung infolge der physikalischen Eigenschaften des überhitzten Dampfes erklärt sich diese Tatsache. Bei neueren Maschinen hochwertiger Konstruktion (geringste Abkühlungsflächen, Ventile im Deckel etc.) hat man diesen Wärmeaustausch durch konstruktive Mittel schon erheblich verringert, und die Überhitzung hat infolgedessen in diesen Fällen nicht mehr die große Bedeutung wie früher.

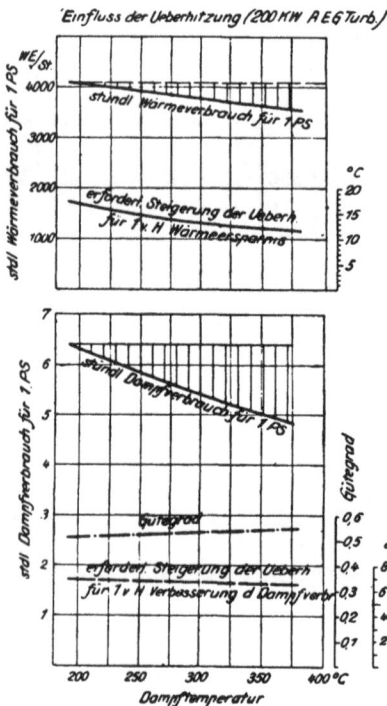

Fig. 9 und 10.

Bei Dampfturbinen ist ein Einfluß der Überhitzung auf den Gütegrad bei den Systemen festgestellt worden, die mit hohen Dampfgeschwindigkeiten arbeiten (Curtis). Bei Parsonsturbinen, bei denen die Dampfgeschwindigkeiten verhältnismäßig klein sind, konnte ein merklicher Einfluß bei den Versuchen, die dem Verfasser bekannt sind, nicht nachgewiesen werden. Diese Erscheinung ist dadurch zu erklären, daß bei den Turbinen mit hohen Dampfgeschwindigkeiten die Dampfreibungsverluste einen verhältnismäßig großen Teil der Gesamtverluste ausmachen, und daß diese Verluste entsprechend der geringeren Dichte des überhitzten Dampfes verringert werden. In Zahlentafel 8 und Fig. 9 und 10 sind Versuche an einer 200 KW A. E. G.-Turbine mit zwei Druckstufen verwendet worden, um den Einfluß der Überhitzung zu kennzeichnen.

Die Größe der Gegenspannung ist dagegen von sehr viel erheblicherem Einfluß. Der Übergang vom Auspuff- zum Kondensationsbetrieb gestattet bei einem Vakuum von etwa 90 v. H. den Verbrauch auf etwa die Hälfte zu verringern. Man betreibt daher, abgesehen von gewissen Sonderfällen, Kolbenmaschinen und Turbinen ausschließlich mit Kondensation. Die Ausbildung hochwertiger Kondensationsanlagen wurde erst durch die Einführung der Dampf-

Zahlentafel 8. Einfluß der Überhitzung (Gütegrad veränderlich).
(Versuche an einer 200 KW A.E.G.-Turbine, Masch.-Labor., Techn. Hochschule Charlottenburg.) Vakuum, Austritt Turbine, 95 %. Druck des eintretenden Dampfes 12 Atm. Überdruck.

Dampftemperatur, Eintritt Turbine, °C	191	225	250	275	300	325	350	375
Überhitzung, » » °C	—	34	59	84	109	134	159	184
Gütegrad (bezogen auf Leistung an der Welle)	0,511	0,520	0,524	0,530	0,534	0,539	0,544	0,550
Stdl. Dampfverbrauch für 1 PS kg/Std.	6,41	6,06	5,84	5,62	5,42	5,22	5,02	4,83
Ersparnis an Dampf » 1 » kg/Std.	—	0,35	0,57	0,79	0,99	1,19	1,39	1,58
» » » » 1 » . %	—	5,46	8,9	12,3	15,4	18,6	21,7	24,7
Erforderliche Steigerung der Überhitzung für 1 % Dampfersparnis °C	—	—	—	᷉6,7	—	—	—	—
Wärmeverbrauch für 1 PS WE/Std.	4090	3990	3930	3860	3790	3720	3645	3568
Wärmeersparnis » 1 » . . »	—	100	160	230	300	370	445	522
» » 1 » . . . %	—	2,45	3,92	5,62	7,33	9,05	10,88	12,75
Erforderliche Steigerung der Überhitzung für 1 % Wärmeersparnis °C	17	16	15	14	13	12,5	12	11,5

turbine besonders wichtig. Der Grund dafür war der, daß, solange die Kolbenmaschine allein ausgeführt wurde, die Erzielung eines besonders hohen Vakuums nicht nötig war. Die Kolbenmaschinen arbeiten im allgemeinen dann am günstigsten, wenn das Vakuum etwa 85 % beträgt. Eine Steigerung desselben brachte kaum noch Vorteile, wie durch eingehende Versuche mehrfach festgestellt wurde. Dieses Vakuum ließ sich aber schon mit sehr einfachen Mitteln erzeugen. Die Kondensation wurde bei Kolbenmaschinen meist durch Einspritzung des Kühlwassers bewirkt. Die Billigkeit derartiger Einrichtungen war der Hauptgrund, daß man sie den Oberflächenkondensationen vorzog. Der Vorteil, das aus dem Oberflächenkondensator gewonnene Kondensat zur Kesselspeisung benutzen zu können, fällt bei Kolbenmaschinen weniger ins Gewicht, weil das Kondensat durch Öl verunreinigt ist.

Durch die Einführung der Dampfturbinen wurden ganz neue Gesichtspunkte für den Bau der Kondensationsanlagen maßgebend.

Der Vorteil, das vollständig reine Kondensat zur Kesselspeisung verwenden zu können, bewirkt, daß fast ausschließlich Oberflächenkondensatoren gebaut werden. Es empfiehlt sich unter allen Umständen, das Kondensat zur Speisung zu verwenden, da die Anwendung von Wasserreinigern bei nicht genügend überwachtem Betriebe (Überschuß an Soda) Inkrustationen der Turbinenschaufeln veranlaßt und daher keinen vollwertigen Ersatz bietet. Insbesondere erkannte man sehr bald, daß man die Schaufelquerschnitte der Niederdruckräder der Dampfturbinen so bemessen konnte, daß eine wirtschaftliche Ausnutzung auch des höchsten praktisch möglichen Vakuums erreicht wurde. Der Einfluß des Vakuums und insbesonders eines sehr hohen Vakuums auf den Dampfverbrauch ist in Zahlentafel 9 und der entsprechenden Fig. 11 dargestellt. Bemerkenswert

Zahlentafel 9. Einfluß des Vakuums auf Hochdruckdampfturbinen.
Dampfdruck 12 Atm. Üb.; Dampftemperatur 300° C, Gütegrad 0,7.

Vakuum . . . . %	85	88	90	92	94	95	96	97	98
Entspr. Dampftemperatur °C	53,7	49,2	45,6	41,3	36,0	32,3	28,8	23,9	17,3
Verfügb. Wärmegefälle WE/kg	186,6	193,5	199	205,6	214	218,6	224,5	232,1	243,5
Stündl. Dampfverbrauch für 1 PS$_e$ . . . . . . kg/Std.	4,84	4,67	4,54	4,39	4,22	4,125	4,02	3,89	3,71
Ersparnis durch erhöhtes Vakuum . . . . . kg/Std.	—	0,17	0,30	0,45	0,62	0,715	0,82	0,95	1,13
Ersparnis durch erhöhtes Vakuum . . . . . . %	—	3,5	6,2	9,3	12,8	14,8	16,95	19,6	23,4
Ersparnis für 1% Verbesserung des Vakuums . %	1,1	1,3	1,5	1,8	2,15	2,45	2,9	3,8	—

ist, daß bei 95% Vakuum eine Veränderung desselben um 1% den Dampfverbrauch um 2,5% verändert, und daß bei 97% Vakuum, 1% Änderung bereits den spezifischen Dampfverbrauch um 4% beeinflußt.

Als neuzeitliche Gesichtspunkte für die Bemessung und den Betrieb von Dampfturbinenkondensatoren seien hier folgende gekennzeichnet:

1. Verwendung großer Wassermengen. Der normale Betrag ist etwa der 60fache der niederzuschlagenden normalen Dampfmenge. Häufig geht man noch erheblich über diesen Betrag heraus.

2. Verwendung von Luftpumpen, die bei höchstem Vakuum noch fördern. Für die Luftabsaugung bei Dampfturbinen gelten ganz andere Grundsätze als früher bei Kolbenmaschinen üblich

waren. Die abzusaugenden Luftgewichte sind dank der vollkommenen werkstättentechnischen Ausführung der Turbinen und Abdampfleitungen sehr viel geringer als bei Kolbenmaschinen, und die in manchen Lehrbüchern angegebenen Undichtheitskoeffizienten gelten nicht angenähert mehr. Die Luftpumpe muß dagegen imstande sein, auch bei sehr hohem Vakuum, die Luft zu fördern.

Bei Verwendung von Kolben-Naßluftpumpen wird deshalb eine zweistufige Förderung vielfach bevorzugt. Durch den Dampfturbinenbetrieb sind weiter in letzter Zeit Luftfördereinrichtungen in Aufnahme gekommen, die auf anderen Grundsätzen beruhen.

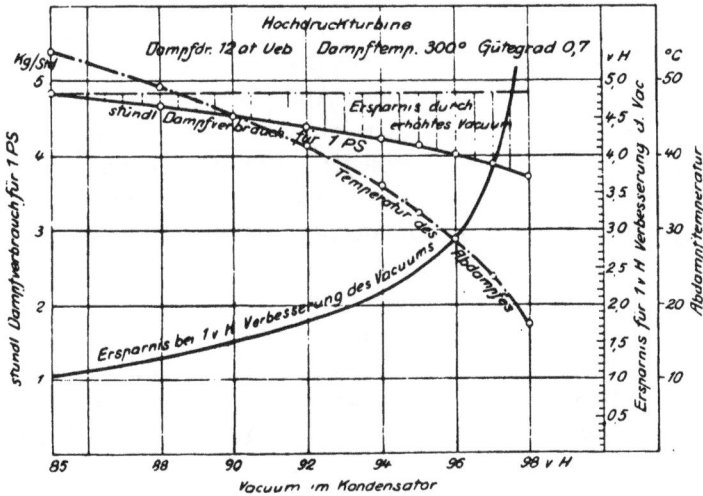

Fig. 11. Einfluß des Vakuums auf den Dampfverbrauch.

Es ist ohne weiteres verständlich, daß die Arbeitsweise der Dampfturbinen den Gedanken nahe legte, auch die Kondensationshilfmaschinen als rein umlaufende auszuführen und jede hin- und hergehende Bewegung auszuschalten. Die Kühlwasserumlaufpumpe und die Kondensatpumpe wurden durch je eine Kreiselpumpe ersetzt. Für die Luftförderung gelang es, das Ziel dadurch zu erreichen, daß man eine Strahlwirkung anwandte. Bekannt und viel verbreitet ist die umlaufende Luftpumpe von Westinghouse-Leblanc. Man erteilt einer Wassermenge durch ein Schleuderrad eine gewisse Geschwindigkeit, mischt darauf die zu fördernde Luft mit dem Wasser und setzt die Geschwindigkeitsenergie des Gemisches in einem Diffusor in Druck um. An Stelle dem Wasser, das die Luft fördern soll, durch Schleuderwirkung die erforderliche Geschwindigkeit zu erteilen, kann man dies auch dadurch bewirken, daß man Wasser unter Druck einer Düse zuführt und durch Druckabnahme die Geschwindigkeit erzeugt. Letztere Vorrichtung ist eine normale Wasserstrahlpumpe. Es bestehen eine Reihe von Konstruktionen, die hauptsächlich darauf hin gerichtet sind, den Wasserstrahlapparat in besonders vorteilhafter Weise zu betreiben. Die Einrichtungen, Schleuderluftpumpe und Wasserstrahlapparat, haben beide keinen sehr hohen Wirkungsgrad. Jedoch haben sich beide als lebensfähig und zweckmäßig erwiesen, da bei den normalen auftretenden Luftmengen sich der Energiebedarf in den Grenzen bewegt, die für die Leistung der Turbine zulässig ist.

Einwandfreie Versuchswerte über die erwähnten beiden Luftfördereinrichtungen sind bisher nicht bekannt geworden. Verfasser ist der Ansicht, daß bei gleichwertiger Ausführung auch die Leistungsfähigkeit die gleiche ist, da der physikalische Vorgang der Verdichtung im Diffusor der gleiche ist. Die Erzeugung der Wassergeschwindigkeit geschieht in einer Düse mit außerordentlich hohem Wirkungsgrad. Vor allem kommt es darauf an, die Luft mit dem Schleuderwasser so zu vermischen, daß die hierbei auftretenden Verluste möglichst gering werden.

Die Höhe des praktisch erreichbaren Vakuums hängt im wesentlichen von der Wassermenge und der Zuflußtemperatur derselben ab. Wenn man irgend kann, wird man das Kühlwasser aus Flüssen, Seen usw. entnehmen.. Die Temperatur schwankt entsprechend der Jahreszeit, und es werden sich bei einer guten Anlage etwa die Vakua erreichen lassen, die in Fig. 12 angegeben sind. Die Verwendung von Brunnenwasser (Tiefbrunnen) wird in der Regel auf kleinere Anlagen beschränkt sein müssen. Bei Verwendung von Brunnenwasser hat man das ganze Jahr hindurch eine praktisch gleichbleibende Temperatur von etwa 10° und kann auch während der heißen Jahreszeit eine hohe Luftleere erzeugen.

Sehr häufig ist man gezwungen, das Kühlwasser nach Rückkühlung wieder zu verwenden. In diesem Falle muß man sich mit einem geringeren Vakuum begnügen. Die Temperatur des Kühlwassers schwankt je nach Jahreszeit und Feuchtigkeitsgehalt der Luft etwa in den in Fig. 12 angedeuteten Grenzen, und das erreichbare Vakuum kann im Mittel zu 92% angenommen werden.

Der Vorgang der Rückkühlung besteht in der Hauptsache darin, daß Luft durch herabrieselndes Wasser strömt, wobei soviel Wasser verdunstet, bis die Luft mit Dampf gesättigt ist. In dieser

Verdunstung besteht die Hauptkühlwirkung. Die Rückkühlwerke arbeiten also auch mit einem gewissen Kühlwasserverlust. Dieser ist verhältnismäßig gering und kann etwa gleich der niederzuschlagenden Dampfmenge angenommen werden. Die Ausführung einer Rückkühlanlage erfordert größere Anlagekosten, größeren Raumbedarf und höhere Betriebskosten, weil das Kühlwasser auf den Kühlturm gehoben werden muß.

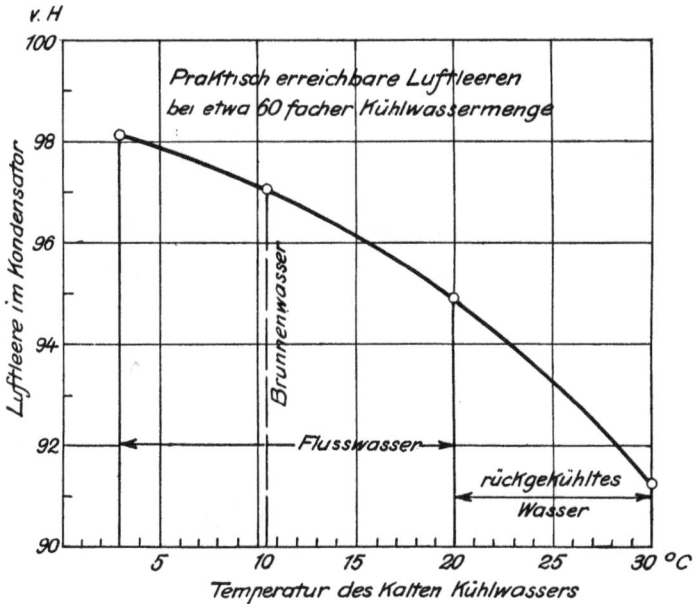

Fig. 12.

Kolbendampfmaschinen.

Kolbendampfmaschinen haben heute nur noch für kleine und mittlere Leistungen bis zu etwa 1500 PS hinauf Berechtigung. Für große Einheiten kommen fast ausschließlich Dampfturbinen in Betracht.

Die normale Ausführung bildet die Verbundmaschine (Zweizylinder). Thermisch besteht kein Unterschied zwischen der Einkurbel(Tandem)maschine und der Zweikurbelmaschine. Die Ausnutzung der Energie in drei Stufen erscheint nicht mehr angebracht, nachdem es gelungen ist, die Verluste durch Wärmeaustausch mit den Wandungen durch zweckmäßige Konstruktion erheblich zu verkleinern.

Zahlentafel 10. Dampfverbrauch und

1	Jahr der Lieferung	1907	1907	1907	1907	1907
2	Ort der Aufstellung	Aachen	Ham-burg	Ham-burg	Nieder-lösnitz	Frank-furt a.O.
3	Abmessungen: Durchm. Hochdruckzylinder mm	725	580	600	500	480
4	» Niederdruckzylinder »	1250	1040	1020	870	800
5	Hub . . . . »	700	600	500	450	300
6	Normale Umlaufzahl . . . . . . Umdr./Min.	150	150	150	185	250
7	Indizierte Leistung, normal . . . . . . PS	1442	840	690	400	437
8	» » maximal . . . . »	1925	1020	900	550	534
9	Effektive Leistung, normal . . . . »	1300	750	600	350	380
10	» » maximal . . . . . · . »	1750	925	800	490	470
11	Überlastungsfähigkeit in % der Normallast . .	35	23	33	40	24
12	Druck des eintretenden Dampfes . . Atm. Üb.	11,5	13,0	11,5	7,5	9,5
13	Mechanischer Wirkungsgrad bei Normallast . .	0,903	0,894	0,870	0,88	0,87
	Garantierte Verbrauchszahlen.					
14	Verlangte Temperatur des eintr. Dampfes . °C	300	300	300	250	250
15	» Überhitzung » » » . . . »	111	106	111	78	69
16	Stündl. Dampfverbrauch für 1 PS_e bei normaler Belastung . . . . kg/Std.	4,81	4,81	5,46	6,93	6,45
17	Stündl. Dampfverbrauch für 1 PS_e bei Höchstlast kg/Std.	5,26	—	5,93	7,39	6,90
18	Gütegrad der Wärmeausnutzung	0,71	0,70	0,63	0,56	0,58
	Versuchswerte.					
19	Druck des eintretenden Dampfes . . Atm. Üb.	—	13,0	—	7,5	9,5
20	Temperatur des eintretenden Dampfes . . °C	—	266	—	214	240
21	Überhitzung » » » . . »	—	72	—	42	59
22	Vakuum Austritt Maschine . . . . %	—	82	—	85 [1]	85 [1]
23	Stündl. Dampfverbrauch für 1 PS_e . . kg/Std.	—	5,06	—	6,59	6,40
24	Effektiver Gütegrad der Wärmeausnutzung . .	—	0,715	—	0,62	0,59
	Raumbedarf:					
25	Grundfläche . . . . qm	68,3	32	23,4	25	12,5
26	Höhe über Flur einschl. Höhe für Ausbau des Kolbens . . . . m	7	6,5	5,2	5,0	3,6

[1] Zu 85 v. H. angenommen.

Gütegrad von Verbunddampfmaschinen.

1906 Offenbach	1905 Leipzig	1907 Oberhausen	1907 Leipzig	1906 Rosenthal	1906 Leipzig	1904 Berlin	1907 Weiler	1907 Gelsenkirchen	1906 Gersdorf	1907 Borghorst	1907 Corbach	1906 Chemnitz Kappel
470	400	690	530	520	420	370	700	495	495	460	430	310
800	660	1050	850	870	700	610	1220	855	855	795	740	500
400	300	1000	900	680	750	450	1300	1000	1000	900	850	620
200	250	125	125	165	115	200	90	115	107	100	125	125
437	253	900	660	750	345	277	1400	600	490	455	440	135
620	350	1055	815	905	450	342	1700	750	615	550	550	170
380	225	800	575	700	300	234	1275	540	440	410	396	119
550	318	950	725	865	400	300	1560	685	560	500	500	151
45	41	19	26	24	33	28	22	26	27	22	26	27
11,0	9,0	7,0	11,5	10,5	10,5	9,0	11	8,5	7	11	11,5	9
0,87	0,89	0,89	0,87	0,93	0,87	0,85	0,91	0,90	0,90	0,90	0,90	0,88
280	280	300	325	300	320	280	275	260	gesätt.	300	275	300
93	101	120	136	115	135	101	88,1	83,3	—	113,1	86,2	121,1
5,87	6,24	5,74	5,17	5,05	5,3	6,85	5,05	5,60	6,78	5,0	5,45	6,02
6,45	7,08	6,07	5,46	5,5	5,64	7,05	5,27	5,83	7,04	5,22	5,65	6,25
0,65	0,59	0,65	0,64	0,69	0,64	0,535	0,70	0,68	0,645	0,695	0,65	0,57
11,0	9,0	—	—	—	10,5	9,0	11,5	9,2	7,0	10,5	11,0	8,0
215	250	—	—	—	278	179	236	225	169,5	240	183	248
28	71	—	—	—	93	0	47	45	0	55	0	73,5
85 [1]	85 [1]	—	—	—	85 [1]	85 [1]	85	83,5	84	84	84	88
5,83	6,75	—	—	—	5,8	7,3	5,18	5,33	6,36	5,46	5,74	5,57
0,65	0,56	—	—	—	0,615	0,56	0,705	0,73	0,66	0,69	0,70	0,67
20,3	18	66	60	30	34	14	112	78	68	75	55	40
4,2	3,6	—	—	—	—	—	—	—	—	—	—	—

Die neuesten Bestrebungen gehen dahin, die Verbundmaschine durch die Einzylindermaschine zu ersetzen. Diese Bestrebungen haben bei kleineren und mittleren Leistungen bereits Erfolge gezeitigt, und es gibt Ausführungen von Einzylindermaschinen (normaler Bauart, Gleichstrommaschinen[1]), die von Verbundmaschinen nur verhältnismäßig wenig übertroffen werden.

Die bei Dampfmaschinen erzielten Dampfverbrauche, Gütegrade usw. sind in Zahlentafel 10 und 11 zusammen-gestellt. Diese Zahlen sind für stehende und liegende Maschinen bei Ausführungen zweier Maschinenfabriken von gutem Ruf erzielt worden, sie können teilweise als gute Mittelwerte, teilweise als besonders günstige Werte angesehen werden.

Die in Zahlentafel 10 und 11 mitgeteilten Dampfverbrauchszahlen lassen nicht ohne weiteres die Abhängigkeit des spezifischen Dampfverbrauches von der Größe der Maschine erkennen, da der

Zahlentafel 11. Einzylinder-Kolbenmaschinen.

Betriebsart	Auspuffbetrieb						Betrieb mit Kondensation	
Aufstellungsort	—	—	—	—	—	—	Forst i. L.	Chemnitz
Maschinengröße: Zyl., Durchm., mm	325	430	400	460	385	350	375	425
Hub . . . . mm	850	850	800	850	700	500	700	500
Umlaufzahl Umdr./Min.	120	110	125	125	150	139	140	198
Normale indiz. Leistung . . PS	116	184	173	333	246	98	116	190
Indiz. Leistung beim Versuch . PS	111	193	161	153,5	278	94,4	121	221
» » in % der norm. .	96	105	93	46	113	96	104	116
Effekt. Leistung (berechnet) . PS	100	174	145	138	250	86	109	199
Dampfdruck Eintr. Masch. Atm. Üb.	9,9	10,5	11,25	11,6	10,8	9,13	5,43	11,5
Dampftemp. » » . °C	230	238	241	209	230	185	265	255
Dampfdruck Austr. Masch. Atm. abs.	1,05	1,05	1,15	1,1	1,12	1,05	0,15	0,14
Dampfverbrauch für . . . 1 PS_i kg/Std.	8,29	6,92	7,24	8,15	7,3	9,62	6,01	5,02
» » . . . 1 PS_e kg/Std.	9,20	7,68	8,05	9,05	8,11	10,7	6,68	5,58
» » . . . . 1 PS der vollkommenen Masch. kg/Std.	6,25	6,05	6,08	6,20	6,23	6,8	4,06	3,59
Gütegrad der Wärmeausnutzung a) bez. auf indiz. Leistung . . .	0,75	0,87	0,84	0,76	0,85	0,71	0,675	0,717
b) » » effekt. » . . .	0,68	0,79	0,76	0,69	0,77	0,64	0,61	0,645

[1] Genügendes Versuchsmaterial zur vergleichsweisen Beurteilung der Wärmeausnutzung von normalen Einzylindermaschinen und Gleichstrommaschinen liegt zur Zeit noch nicht vor.

Dampfanfangszustand (Dampfdruck und Überhitzung) bei den einzelnen Ausführungen nicht gleich ist. Um bei der Beurteilung der erreichten Wärmeausnutzung in bezug auf ihre Abhängigkeit von der Größe der Maschine diese Verschiedenheiten so weit als möglich auszuschalten, sind für die Normalleistungen die erreichten Gütegrade ermittelt worden, d. i. die wirklich ausgenutzte Wärme dividiert durch die von einer vollkommenen Maschine ausnutzbaren Wärme. Da

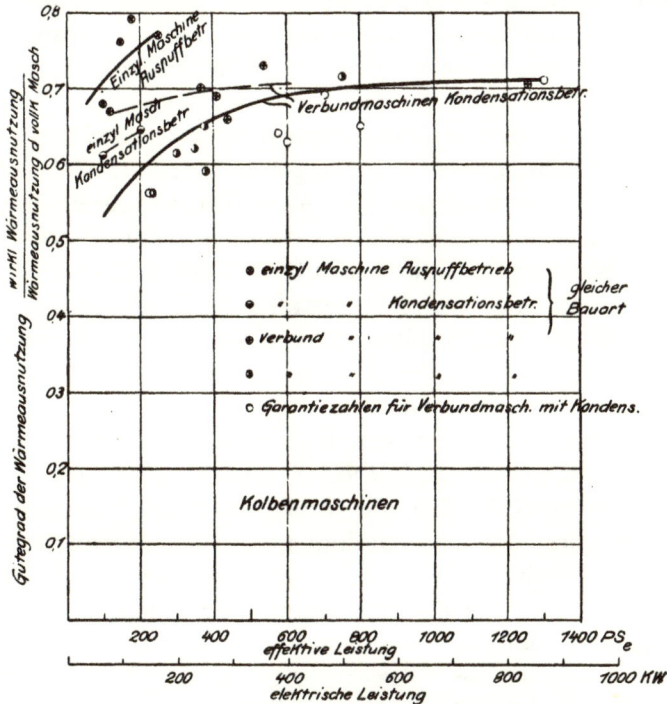

Fig. 13. Wärmeausnutzung in Kolbenmaschinen.

die hier in Betracht gezogenen Maschinen mit Kondensation und meist mit Überhitzung arbeiten, und die Temperaturgefälle daher annähernd übereinstimmen, so erscheint es zulässig, den Verlauf des Gütegrades in Abhängigkeit von der Maschinenleistung aufzutragen. Die Maschinen mit Auspuffbetrieb, die ein wesentlich geringeres Temperaturgefälle haben, sind für sich betrachtet.

Die Gütegrade sind in Zahlentafel 10, Reihe 18 bzw. 24, enthalten und in Fig. 13 graphisch aufgetragen und durch einen Linienzug interpoliert, aus dem sich der mittlere Verlauf des Gütegrades mit der Zunahme der Maschinenleistung ergibt. Die Zunahme erfolgt

anfänglich rasch, von 300 PS ab langsamer, von 500 PS an nimmt
die Wärmeausnutzung kaum noch mit der Leistung zu. Die Gütegrade
der einzylindrigen Auspuffmaschinen sind erheblich höher als die der
mit Kondensation arbeitenden Verbundmaschinen; eine Bestätigung
dafür, daß bei Kolbenmaschinen der obere Teil des Wärmegefälles
mit besserem Wirkungsgrade ausgenutzt werden kann. Die Gütegrade
der Einzylinder-Auspuffmaschinen erreichen fast den Betrag von 80%,
so daß nur noch 20% Verluste übrig bleiben. Wenn man bedenkt, daß
darin auch die mechanischen Verluste, die auf mindestens 8% zu
veranschlagen sind, enthalten sind, so bleibt ein so geringer Betrag
thermischer Verluste übrig, daß man behaupten kann, daß eine
nennenswerte Verbesserung nicht mehr möglich ist, und daß Verbund-
wirkung für Auspuffbetrieb nicht angebracht ist. In Zahlentafel 11
sind auch zwei Versuchswerte für neuere Einzylindermaschinen mit
Kondensationsbetrieb aufgenommen worden. Die Werte sind so
günstig, daß sie über dem Durchschnitt für Verbundmaschinen liegen.

Es handelt sich um eine erstklassige Konstruktion, und es
müssen die Werte deshalb mit denen von Verbundmaschinen gleicher
Konstruktion (die betr. Werte sind durch eine punktierte Linie
hervorgehoben) verglichen werden.

Bemerkenswert in Zahlentafel 10 sind noch einige Ergebnisse,
die an mit gesättigtem Dampfe arbeitenden Maschinen erzielt wurden.
Es zeigt sich nämlich, daß die Gütegrade dieser Maschinen kaum
hinter denen der anderen Maschinen, die mit überhitztem Dampf
arbeiten, zurückstehen. Es ist nicht angängig, diese Ergebnisse dahin
zu verallgemeinern, daß die Anwendung der Dampfüberhitzung von
untergeordneter Bedeutung sei. Die Versuche wurden ausgeführt an
Maschinen, bei denen der Wärmeaustausch mit den Wendungen durch
besondere konstruktive Maßnahmen (weitgehende Verkleinerung der
schädlichen Wandungsflächen, Anordnung der Steuerorgane in den
Zylinderdeckeln) ein sehr geringer ist. Bei einer derartigen Konstruktion kann der Vorteil der Überhitzung, den Wärmeaustausch mit
den Wandungen zu verringern, nicht mehr so merklich in Erscheinung
treten wie bei weniger gut durchgebildeten Konstruktionen.

Für die Beurteilung des Wertes der Überhitzung ist weiter zu
beachten, daß der Kesselbetrieb ein günstigerer wird. Die Anwendung der Überhitzung gestattet (insbesondere bei Wasserrohrkesseln),
die Verdampfung beträchtlich zu forcieren. Bei Kesseln ohne Überhitzer ist die Verdampfungsziffer dadurch auf einen ziemlich niedrigen Betrag beschränkt, daß bei zu lebhafter Verdampfung Wasser

mechanisch mit dem Dampf mitgerissen wird, was für den Betrieb immer unerwünscht ist. Bei Anordnung eines Überhitzers wird das mitgerissene Wasser in diesem zunächst in sehr vorteilhafter Weise verdampft und dann wird der Dampf überhitzt.

Auf der Grundlage des Gütegrades ist ein Vergleich der Wärmeausnutzung in der Kolbenmaschine mit der in der Dampfturbine möglich und es ist aus den zur Verfügung stehenden Verbrauchszahlen bei Dampfturbinen der Gütegrad in gleicher Weise ermittelt worden.

Dampfturbinen.

Die Dampfturbinen teilt man für die vorliegende Betrachtung zweckmäßig ein in eine Gruppe von kleineren und mittleren Turbinen und in eine zweite Gruppe von Großturbinen. Die Großturbinen haben die Großkolbenmaschinen völlig verdrängt, während bei kleineren und mittleren Einheiten beide Gattungen ausgeführt werden und ihre Berechtigung haben. Die Dampfturbinen werden hauptsächlich gebaut für elektrische Zentralen mittlerer Größe, Kolbenmaschinen meist da, wo eine Transmission angetrieben werden soll, und wo es sich um kleinere Leistungen handelt. Verbrauchszahlen von Dampfturbinen kleiner und mittlerer Leistung und verschiedener Systeme (A. E. G.; Parsons, reine Aktionsturbinen, Elektraturbinen) sind in Zahlentafel 12 und 13 mitgeteilt.

In Reihe 12 bzw. 13 sind die bei Normallast erzielten Gütegrade berechnet. Es ist dabei vorausgesetzt, daß die Versuche mit den Turbinen unter den Verhältnissen ausgeführt wurden, für welche sie gebaut worden sind. Unter dieser Voraussetzung kann man die Gütegrade als nahezu unabhängig vom Dampfanfangszustand und vom Vakuum ansehen, wenn die Abweichungen darin nicht allzu große sind. In Fig. 14 sind die Gütegrade der einzelnen Dampfturbinensysteme, soweit sie mir zugänglich waren, in Abhängigkeit von der Leistung aufgetragen. Eine hindurchgelegte mittlere Kurve kann als allgemeines Bild des Verlaufes der Gütegrade mit der Zunahme der Turbinenleistung für diese Größen angesehen werden.

Bei kleineren Leistungen (unter 200 KW) fällt der Gütegrad der Parsonsturbine[1]) rascher ab als bei den anderen Turbinen, da die Undichtigkeitsverluste der Ausgleichkolben im Verhältnis zum gesamten Dampfverbrauch dann mehr ins Gewicht fallen, während

---

[1]) Es sind hier noch Parsonsturbinen der Originalbauart betrachtet, die neuesten von Brown Boveri und Co. ausgeführten Parsonsturbinen mit vorgeschaltetem Aktionsrad dürften sich günstiger gestalten.

Zahlentafel 12. Dampfverbrauch und Wärmeausnutzung von kleineren und mittleren Dampfturbinen (Garantiezahlen).

Reihe		Parsonsturbinen					Elektraturbinen						
1	Normalleistung . . . . . KW	100	200	250	350	500	33	50	66	100	133	200	400
2	Umlaufzahl . . . . . Umdr./Min.	3000	3000	3000	3000	3000	3000	3000	3000	3000	3000	3000	2000
3	Dampfdruck . . . . Atm. Überdr.	8,0	8,0	8,0	10,0	10,0	9,0	9,0	9,0	9,0	9,0	9,0	9,0
4	Dampftemperatur . . . . °C	300	300	300	300	300	300	300	300	300	300	300	300
5	Vakuum des austretenden Dampfes v.H.	94	94	94	94	94	90	90	90	90	90	90	90
6	Stündlicher Dampfverbrauch für 1 KW . . . . kg/Std.	12,8	9,7	8,8	8,4	8,0	12,8	11,8	11,3	11,0	10,4	10,0	9,2
7	Stündlicher Dampfverbrauch für 1 KW der theoretisch vollkommenen Maschine . kg/Std.	4,24	4,24	4,24	4,11	4,11	4,52	4,52	4,52	4,52	4,52	4,52	4,52
8	Gütegrad der Wärmeausnutzung (einschließlich der elektrischen Verluste)[1]	0,331	0,437	0,482	0,489	0,513	0,353	0,383	0,400	0,411	0,435	0,452	0,490
9	Effektivleistung . . . . PS	151	302	378	529	755	50	75	100	150	200	300	600
10	Stündlicher Dampfverbrauch für 1 PS_e . . . . kg/Std.	8,49	6,42	5,83	5,56	5,30	8,5	7,8	7,5	7,3	6,9	6,6	6,1
11	Stündlicher Dampfverbrauch für 1 PS_e der theoretisch vollkommenen Turbine . kg/Std.	3,12	3,12	3,12	3,02	3,02	3,33	3,33	3,33	3,33	3,33	3,33	3,33
12	Gütegrad der Wärmeausnutzung[2] .	0,386	0,485	0,535	0,543	0,570	0,392	0,425	0,444	0,456	0,483	0,502	0,544

[1]) $\dfrac{\text{Reihe } 7}{\text{Reihe } 6}$ [2]) $\dfrac{\text{Reihe } 11}{\text{Reihe } 10}$

Zahlentafel 13. Dampfverbrauch und Wärmeausnutzung von kleineren und mittleren Dampfturbinen (Versuchswerte).

Reihe	Bezeichnung	Parsons-turbine[1]	reine Aktionsturbinen		A.E.G-Dampfturbinen						
1	Normalleistung . . . . . . KW	350	660	400	300	300	150	150	150	65	45
2	Umlaufzahl . . . . . . Umdr./Min.	3000	3018	2973	3020	3000	3008	3022	3015	2994	3629
3	Dampfdruck . . . . Atm. Überdr.	7,5	11,2	8,72	6,2	10,4	8,8	6,95	5,5	8,26	8,0
4	Dampftemperatur . . . . °C	300	289	(259)	260	273	252	258	190	208	225
5	Vakuum des austretenden Dampfes . . . %	90	94,3	93,2	94,0	91,1	91,4	89,3	92,5	87,9	80,2
6	Leistung beim Versuch . . . KW	363	667	390	317	354,1	157,5	151,3	150,6	65,7	45,8
7	Stündl. Dampfverbrauch für 1 KW . . . kg/Std.	9,27	7,38	8,54	8,77	8,45	10,19	10,86	11,47	13,26	14,89
8	Stündl. Dampfverbrauch für 1 KW der theoretisch vollkommenen Maschine . . . kg/Std.	4,67	4,16	4,51	4,62	4,48	4,68	4,99	5,29	5,25	5,74
9	Gütegrad der Wärmeausnutzung (einschließlich der elektrischen Verluste)[3] . . .	0,505	0,563	0,529	0,527	0,531	0,460	0,460	0,462	0,396	0,386
10	Normale Effektivleistung . . . PS	542	986	577	453[2]	453[2]	227[2]	227[2]	227[2]	98[2]	68[2]
11	Stündl. Dampfverbrauch für 1 PSe . . . kg/Std.	6,20	5,08	5,77	5,81	5,60	6,75	7,20	7,60	8,80	9,86
12	Stündl. Dampfverbrauch für 1 PSe der theoretisch vollkommenen Turbine . . . kg/Std.	3,44	3,06	3,32	3,40	3,30	3,45	3,67	3,89	3,86	4,22
13	Gütegrad der Wärmeausnutzung[4] . . .	0,555	0,603	0,577	0,585	0,590	0,511	0,510	0,512	0,439	0,428

[1]) S. Dr. Ing. Gensecke, Versuche an einer Parsonsturbine, Zeitschrift f. d. ges. Turbinenwesen 1909, Nr. 6.

[2]) Wirkungsgrad der Dynamo zu 0,9 angenommen.

[3]) $\dfrac{\text{Reihe } 8}{\text{Reihe } 7}$ [4]) $\dfrac{\text{Reihe } 12}{\text{Reihe } 11}$

bei größeren Leistungen dieser Verlust unerheblich ist. Bei Leistungen von etwa 600 KW an, erfährt der Gütegrad mit Vergröße-
rung der Leistung eine langsamer ansteigende Zunahme.

Großdampfturbinen.

Versuchswerte über den Verbrauch von Großdampfturbinen
sind in Zahlentafel 14 enthalten. Es sind darin möglichst viele
Systeme berücksichtigt worden. Da die Ausführungen fast jedes
Werkes besondere Eigentümlichkeiten aufweisen, so ist das System
durch das Zeichen der betreffenden Fabrik gekennzeichnet. Über-

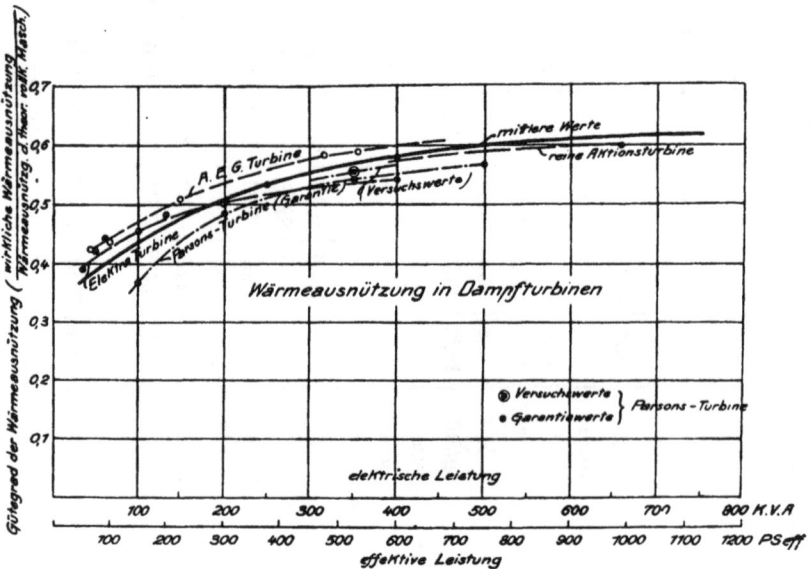

Fig. 14. Gütegrade von Dampfturbinen verschiedener Systeme.

sieht man die verschiedenen Bauarten, so erkennt man, daß bei den
meisten Werken eine bestimmte Anschauung über die zweckmäßigste
Ausführung vorherrscht. Diese Anschauung äußert sich durch die
Anordnung eines kombinierten Systems, bei dem der Hochdruckteil
aus einem Aktionsrad mit Geschwindigkeitsstufung besteht, während
für den Niederdruckteil das ursprüngliche System des betreffenden
Werkes Aktions- oder Reaktionsturbine, beibehalten worden ist. Nur
die Zoellyturbinen haben in der Mehrzahl die ursprüngliche Bauart,
allerdings unter Verminderung der Radzahl, beibehalten.

Die Gütegrade der einzelnen Turbinen als Funktion der Normalleistung, dargestellt in Fig. 15, geben ein anschauliches Bild, wie

Zahlentafel 14. Dampfverbrauch und Wärmeausnutzung von Großdampfturbinen. (Versuchswerte.)

	B.B.	B.B.	Tosi	Westingh.	M.A.N.	M.A.N.	Ringh.	Els.	Escher	Thoms. Houst.	A.E.G.	A.E.G.	Curtis	Berg-mann	E.Brünner	E.Brünner	Melms	Breitf.
Normalleistung . . KW	3500	1100	1500	7500	1250	1400	3000	3500	5000	2500	3000	4000	8000	1500	1250	7000	1000	3500
Umlaufzahl . Undr./min	1360	3000	1500	750	3000	3000	1000	1000	1000	1500	1500	1500	—	1500	3000	960	3040	900
Dampfdruck . Atm. Üb.	10,0	12,0	12,3	12,45	11,8	11,7	11,0	11,5	8,8	7,9	12,45	12,24	12,70	12,26	12,0	12,5	12,1	10,3
Dampftemperatur . °C	259	300	280	245	305	290	243	268	274	212	310	345	263	305	300	308	311	236
Abs. Dampfdruck, Austr. Turbine . . Atm. abs.	0,037	0,05	0,08	0,09	0,038	0,087	0,08	0,054	0,11	0,05	0,03	0,027	0,035	0,046	0,07	0,06	0,048	0,055
Vakuum Austritt Turbine . . °/₀	96,3	95	92	91	96,2	91,3	92	94,6	88,9	95	97	97,3	96,5	95,4	93	94	95,2	94,5
Stdl. Dampfverbrauch für 1 KW . . . kg/Std.	6,22	6,70	7,21	6,87	5,94	6,45	7,04	6,39	7,35	7,22	5,81	5,47	5,92	5,88	6,5	5,73	6,9	7,3
Stdl. Dampfverbrauch für 1 KW der vollkommenen Maschine . . kg/Std.	4,16	3,94	4,27	4,53	3,78	4,31	4,51	4,15	4,82	4,57	3,66	3,51	3,94	3,86	4,12	4,03	3,86	4,37
Gütegr.d.Wärmeausnutzg. einschl. elektr. Verluste	0,67	0,59	0,592	0,66	0,637	0,668	0,641	0,650	0,655	0,633	0,622	0,642	0,666	0,656	0,634	0,69	0,560	0,599
Effektivleistung . . PS	5060	1608	2185	10850	1828	2050	4340	5060	7330	3610	4340	6200	11560	2190	1828	10100	1462	5050
Stdl. Dampfverbrauch für 1 PS . . . kg/Std.	4,29	4,58	4,96	4,75	4,06	4,40	4,87	4,42	5,07	5,00	4,02	3,74	4,09	4,02	4,45	3,98	4,72	5,06
Stdl. Dampfverbrauch für 1 PS der vollkommenen Turbine . . . kg/Std.	2,99	2,90	3,15	3,33	2,78	3,17	3,32	3,05	3,54	3,36	2,69	2,58	2,89	2,84	3,03	2,92	2,84	3,21
Gütegrad der Wärmeausnutzung der Turbine .	0,697	0,633	0,635	0,701	0,684	0,697	0,682	0,690	0,694	0,672	0,672	0,69	0,706	0,706	0,681	0,73	0,603	0,635

die Wärmeausnutzung mit der Belastung steigt. Fig. 15 läßt
erkennen, daß keines von den vielen Systemen als bestes bezeichnet
werden kann, daß vielmehr alle Systeme thermisch etwa gleichwertig
sind. Für sehr große Leistungen, von etwa 4000 KW. an aufwärts,
erreicht der Gütegrad den Betrag von etwa 70%. Dieser Gütegrad
bedingt die in der Zahlentafel enthaltenen sehr günstigen Verbrauchszahlen. Allerdings werden diese Zahlen bei einem äußerst hohen
Vakuum erreicht. Aber es ist ja gerade der Vorteil der Turbinen,

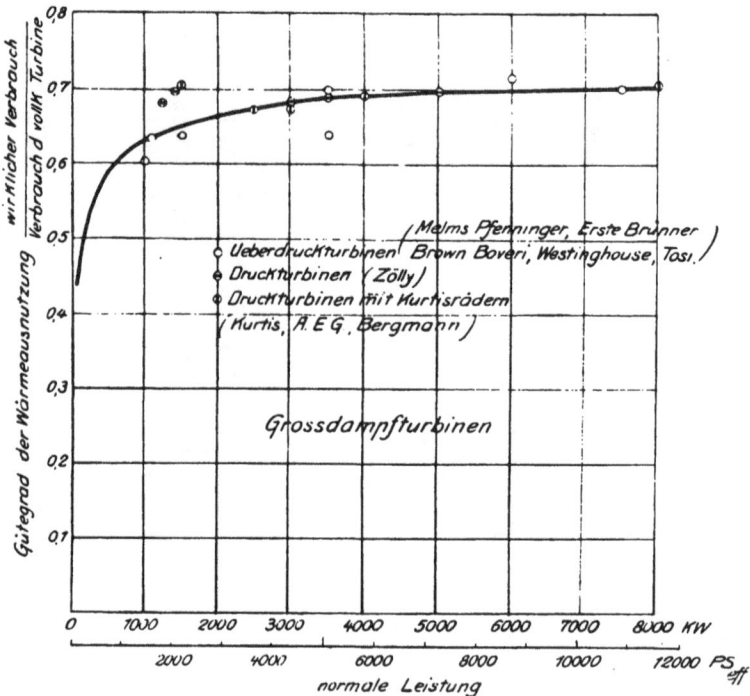

Fig. 15. Wärmeausnutzung in Großdampfturbinen.

daß der Konstrukteur in der Lage ist, das hohe Vakuum auszunutzen.
Zwar bedingt dies die Anordnung einer oder mehrerer Druckstufen
mehr, jedoch macht sich dieser Mehraufwand an Herstellungskosten
sehr gut bezahlt.

Gegendruck- und Anzapfmaschinen.

Bei einer außerordentlich großen Zahl von Betrieben wird
außer mechanischer Energie Wärme für Koch-, Wärm- und Heizzwecke benötigt. In all diesen Fällen kann man die Energieerzeugung

besonders wirtschaftlich dadurch gestalten, daß man den Dampf zunächst in der Kraftmaschine Arbeit verrichten läßt und ihn dann
zum Kochen und Heizen weiter benutzt. Die Werke, welche Dampfkraftmaschinen herstellen, haben derartigen Anlagen besondere Be-
achtung geschenkt und haben zweckmäßige Einrichtungen ausgebildet,
um den direkten Wärmebedarf mit der Energieerzeugung zu kombi-
nieren. Sind doch häufig derartige Einrichtungen das einzige Mittel,
um erfolgreich gegen Gas- und Ölmaschinen, die thermisch den
Dampfkraftmaschinen überlegen sind, anzukämpfen.

Benutzt man den Abdampf für die oben genannten Zwecke,
so wird der Wärmebedarf für die Energieerzeugung außerordentlich
gering, er wird gleich dem Wärmewert der geleisteten Arbeit, und
die Maschine arbeitet mit einem thermischen Wirkungsgrad von
fast 100 %. Dabei ist es häufig gleichgültig, ob die Kraftmaschine
das ihr zur Verfügung stehende Wärmegefälle mit gutem oder mit
schlechtem Wirkungsgrade ausnutzt. Voraussetzung für diesen Fall
ist natürlich, daß der Abdampfbedarf stets mindestens gleich oder
größer ist als der Dampfbedarf für die. Maschine.

Der aus der Kraftmaschine entnommene Abdampf ist nicht
einer gleich großen Frischdampfmenge gleichwertig, denn durch die
Arbeitsleistung hat sein Wärmeinhalt abgenommen. Ein bestimmtes
Abdampfgewicht ist deshalb einem etwas kleineren Frischdampfgewicht

Zahlentafel 15. Reduzierte Abdampfmenge.

Dampfdruck = 12 Atm. abs.; Dampftemperatur = 300°;
Wärmeinhalt i_1 des Frischdampfes = 730 WE/kg;
Gütegrad $\eta_g = 0,55$.

Gegendruck Atm. abs.	Wärmegefälle Δ_1 WE/kg	Flüssigkeits- wärme des Abdampfes q_2 WE/kg	Reduktionsfaktor $1 - \dfrac{\Delta_1 \cdot \eta_g}{i_1 - q_2}$
6	39,5	159,8	0,962
5	48,8	152,6	0,955
4	59,6	144,2	0,944
3	72,6	133,9	0,933
2	90,0	120,4	0,919
1	117,5	99,6	0,897
0,5	143	81,2	0,879

äquivalent. Das einem bestimmten Abdampfgewicht gleichwertige
Frischdampfgewicht, die »reduzierte Abdampfmenge« läßt sich leicht
bestimmen. In Zahlentafel 15 ist der Reduktionsfaktor angegeben.
Dieser ist abhängig vom Gegendruck und von dem Gütegrad, mit
dem die Maschine das für sie zur Verfügung stehende Wärmegefälle

ausnutzt. Nach Zahlentafel 16 benötigt eine Gegendruckturbine, die unter den in der Zahlentafel angegebenen Bedingungen arbeitet, etwa 1 kg Dampf für eine Pferdestärke. In Fig. 16 ist eine Gegendruckturbine mit den Einrichtungen zur Aufrechterhaltung konstanten

Zahlentafel 16. Gegendruckturbine.

Dampfdruck = 12 Atm. abs., Gegendruck = 2 Atm. abs., Dampftemperatur = 300° C, Gütegrad 0,55. Stdl. Dampfmenge für 1 PS = 12,76 kg/Std.

Dampfbedarf f. Heizungszwecke kg/Std.	500	1000	1500	2000	2500	3000
Äquivalente Anzapfdampfmenge »	544	1089	1632	2180	2720	3270
Damit erzeugte Leistung . . . . PS	43	85	128	171	213	256
Dampfmehrbedarf für Energieerzeugung kg/Std.	44	89	132	180	220	270
Dampfverbrauch für 1 PS . . . »			1,04			

Gegendruckes dargestellt. Ein Druckregler *b* bewirkt, daß dem Abdampf durch das Ventil *a* Frischdampf zugesetzt wird, wenn der Abdampf nicht ausreicht. Ist zuviel Abdampf vorhanden, so öffnet ein zweiter Druckregler das Ventil *c* und läßt den überschüssigen Dampf entweichen. Fig. 16 zeigt, daß die Dampfturbine außerordentlich einfach ist. Ein zweikränziges Aktionsrad genügt für die Energieumsetzung.

In sehr vielen Betrieben schwankt sowohl Energiebedarf als auch Wärmebedarf, und es fällt der größte Energiebedarf nicht immer mit dem größten Wärmebedarf zusammen. Es gibt auch Fälle, wo die Kraftmaschine mehr Dampf benötigen würde, als Abdampf gebraucht wird. In solchen Fällen würde natürlich der Nutzen durch Abdampfverwertung sehr schnell dadurch verschwinden, daß ein Teil des Dampfes ins Freie auspufft. Für solche Fälle ist die Zwischendampfentnahme am Platze. Man schafft eine Vorrichtung, die die erforderliche Dampfmenge aus der Maschine (Kolbenmaschine oder Turbine) zu entnehmen gestattet. Derjenige Dampf, den die Maschine zur Deckung des Leistungsbedarfs mehr gebraucht, arbeitet in dem Niederdruckteil der Maschine weiter und wird mit dem höchsten möglichen thermischen Wirkungsgrad ausgenutzt.

Der Nutzen, den die Zwischendampfentnahme ermöglicht, ist in Zahlentafel 17 und in Fig. 17 an einem Beispiel veranschaulicht. Die Zwischendampfmenge ist dabei von Null bis zu der Menge verändert, bei der die Maschine als reine Gegendruckmaschine arbeitet. Die abzugebende Leistung ist gleichbleibend angenommen worden.

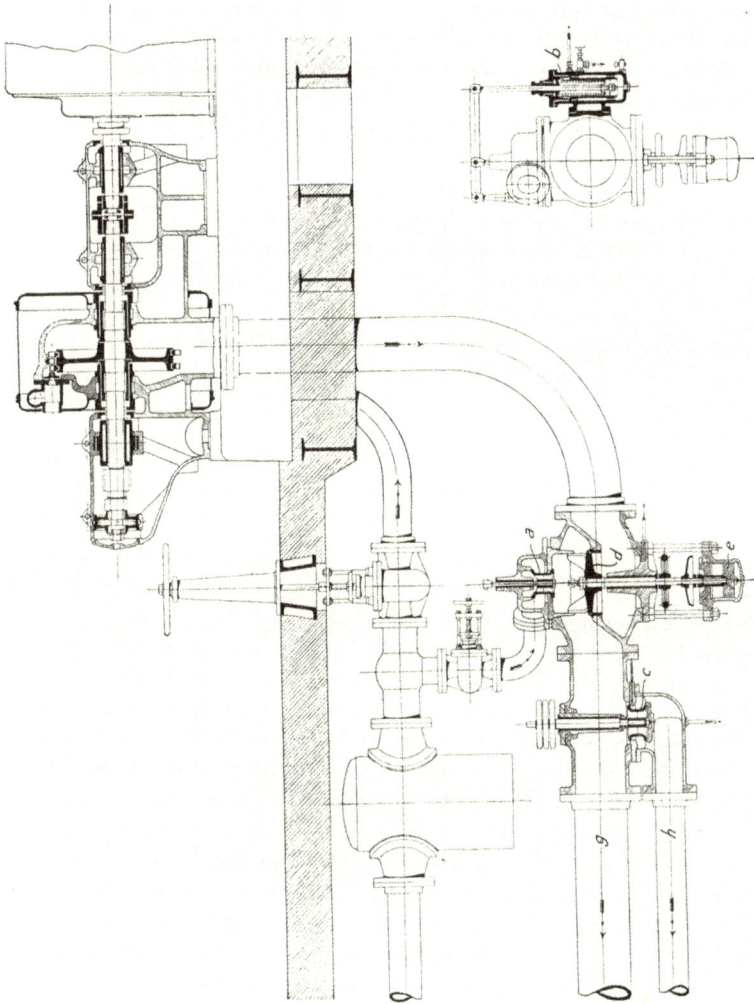

Fig. 16. Gegendruckturbine.

Zahlentafel 17. Anzapfturbine.

Zu erzeugende Energie 250 PS.
Dampfdruck $P_1 = 12$ Atm. abs.; Dampftemperatur $= 300\,^{\circ}$C;
Zwischendruck p' $= 2$ Atm. abs.; Vakuum 90%.
Gütegrade: Hochdruckteil $= 0,55$; Niederdruckteil $= 0,6$

Gesamte benötigte mechanische Energie . . . . . . PS	250	250	250	250	250	250	250
Dampfbedarf für Heizungszwecke . . . . . kg/Std.	—	500	1000	1500	2000	2500	3000
Hochdruck- und Niederdruckteil mit Düsenregelung versehen.							
Vom Anzapfdampf erzeugt PS	0	43	85	128	171	213	250
Durch Zusatzdampf zu erzeugen . . . . . . PS	250	207	165	122	79	37	0
Verbrauch für 1 PS, erzeugt durch Zusatzdampf kg/Std.	—	—	—	5,33	—	—	—
Zusatzdampfbedarf insg. kg/Std.	1330	1103	879	650	423	197	0
Ges. Dampfbedarf für Energieerzeugung . . . . kg/Std.	1330	1147	968	782	603	417	260
Dampfersparnis durch Anzapfbetrieb . . . . . kg/Std.	0	183	362	548	727	913	1070
Wirkl. Dampfverbrauch für 1 PS kg/Std.	5,33	4,59	3,87	3,13	2,41	1,67	1,04
Hochdruckteil mit Düsenregelung, Niederdruckteil mit Drosselregelung versehen.							
Vom Anzapfdampf erzeugt PS	0	43	85	128	171	213	250
Durch Zusatzdampf zu erzeugen . . . . . . PS	250	207	165	122	79	37	0
Verbrauch für 1 PS, erzeugt durch Zusatzdampf kg/Std.	5,33	5,48	5,68	5,97	6,40	7,44	—
Zusatzdampfbedarf insg. kg/Std.	1330	1133	938	730	505	275	0
Ges. Dampfbedarf für Energieerzeugung . . . . kg/Std.	1330	1177	1027	862	685	495	260
Dampfersparnis durch Anzapfbetrieb . . . . . kg/Std.	0	153	303	468	645	835	1070
Wirkl. Dampfverbrauch für 1 PS kg/Std.	5,33	4,70	4,10	3,45	2,74	1,98	1,04
Hochdruckteil und Niederdruckteil mit Drosselregelung versehen.							
Vom Anzapfdampf erzeugt PS	0	32	68	112	163	209	250
Durch Zusatzdampf zu erzeugen . . . . . . PS	250	218	182	138	87	41	0
Verbrauch für 1 PS, erzeugt durch Zusatzdampf kg/Std.	6,20	6,01	5,94	6,16	7,00	7,56	—
Zusatzdampfbedarf insg. kg/Std.	1550	1310	1080	850	610	310	260
Ges. Dampfbedarf für Energieerzeugung . . . . kg/Std.	1550	1345	1150	970	770	530	260
Dampfersparnis durch Anzapfbetrieb . . . . . kg/Std.	−220	−15	+180	360	560	800	1070
Wirkl. Dampfverbrauch für 1 PS kg/Std.	6,20	5,38	4,60	3,88	3,08	2,12	1,04

Bei Betrieb ohne Zwischendampfentnahme ergibt sich der gesamte Dampfbedarf, indem zu der erforderlichen Heizdampfmenge die Dampfmenge für den Maschinenbetrieb hingefügt wird. Die Ersparnis durch die Zwischendampfentnahme ist durch Schraffur gekennzeichnet. Sie ist in erheblichem Maße von dem Regelverfahren

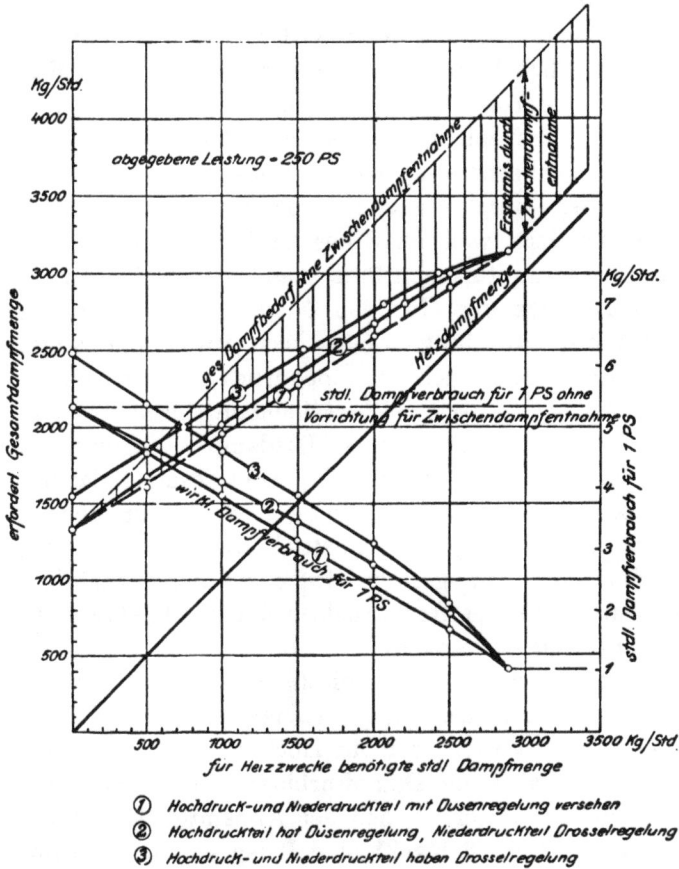

① Hochdruck- und Niederdruckteil mit Düsenregelung versehen
② Hochdruckteil hat Düsenregelung, Niederdruckteil Drosselregelung
③ Hochdruck- und Niederdruckteil haben Drosselregelung

Fig. 17. Nutzen der Zwischendampfentnahme.

abhängig. Jede Maschine, bei der Zwischendampf mit einem möglichst konstantem Druck entnommen werden soll, benötigt zwei Regelorgane, einen Regler für die Umlaufzahl wie jede andere Kraftmaschine und eine Vorrichtung, durch die der Zwischendruck selbsttätig unveränderlich gehalten wird. Der letztere Regler hat die Aufgabe, bei zunehmendem Zwischendampfbedarf die Dampfmenge für den Niederdruckteil zu verringern, und sobald der Nieder-

druckteil leer läuft, dem Abdampf der Maschine Frischdampf zuzusetzen. Der Nutzen durch Zwischendampfentnahme hängt davon ab,
ob die Regelung des Hochdruck- oder des Niederdruckteiles durch
Füllungsänderung oder durch Drosselung erfolgt. Der Füllungsregelung der Kolbenmaschine entspricht etwa die Düsenregelung
der Dampfturbinen.

Bei Kolbenmaschinen arbeitet der Hochdruckteil immer, der
Niederdruckteil fast immer mit Füllungsregelung. In diesem Falle
ist die Dampfersparnis und der Dampfverbrauch für 1 PS durch
die Kurve 1 gekennzeichnet. (Das in Zahlentafel 17 und Fig. 17
behandelte Beispiel setzt eine Dampfturbine voraus, bei einer Kolbenmaschine ist der Charakter der Kurven der gleiche, nur werden die
Zahlen etwas andere, weil der Gütegrad der Wärmeausnutzung etwas
abweicht.) Bei Dampfturbinen führt man vielfach für den Hochdruckteil eine Düsenregelung, für den Niederdruckteil Drosselregelung
aus. Durch die Drosselung ergeben sich etwas ungünstigere Werte.
(Kurve 2.) Regelt man auch den Hochdruckteil durch Drosselung, so
arbeitet die Anlage bei geringer Zwischendampfentnahme ungünstiger,
als wenn Energieerzeugung und Heizdampferzeugung unabhängig
von einander erfolgten. (Kurve 3.) Dies kommt daher, daß die
Querschnitte für die Hochdruckturbine so groß sein müssen, daß die
Turbine bei reinem Gegendruckbetrieb die volle Leistung abgibt.
Findet keine oder nur geringe Zwischendampfentnahme statt, so
muß der Dampf für die Hochdruckturbine infolgedessen mehr oder
weniger stark gedrosselt werden.

Die Kraftmaschinen für Zwischendampfentnahme werden als
Kolbenmaschinen und als Dampfturbinen ausgeführt. Die Kolbenmaschine hat den Vorteil, daß ihr Hochdruckteil günstiger arbeitet.
Dem gegenüber haben die Dampfturbinen den für viele Fälle außerordentlich wichtigen Vorteil, daß der Abdampf nicht durch Öl verunreinigt ist. In Fig. 18 bis 21 sind Beispiele für Kolbenmaschinen
dargestellt. In Fig. 18 und 19 ist ein Druckregler a vorgesehen,
der bei fallendem Aufnehmerdruck, d. i. bei steigendem Zwischendampfbedarf, die Füllung des Niederdruckzylinders verkleinert. Die
Umlaufzahl der Maschine sinkt infolgedessen ein wenig, wodurch der
Tourenregler dem Hochdruckzylinder größere Füllung gibt, bis der
Gleichgewichtszustand erreicht ist.

In Fig. 20 und 21 ist die Einrichtung eine andere. Es handelt sich
hier um eine Maschine, bei der Hochdruck- und Niederdruck-
zylinder durch je einen Lentzschen Achsenregler beeinflußt werden.

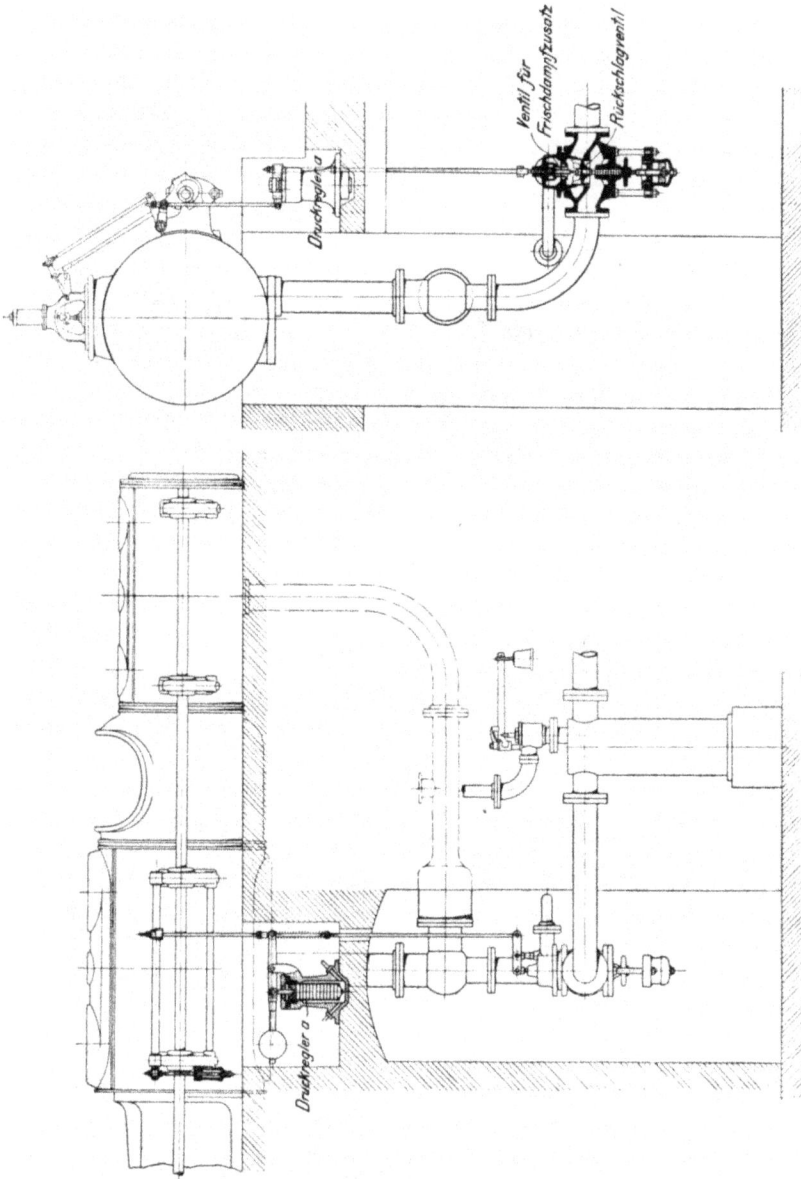

Ventil für Frischdampfzusatz

Rückschlagventil

Druckregler a

Druckregler a

Fig. 18 und 19. Kolbenmaschine für Zwischendampfentnahme.

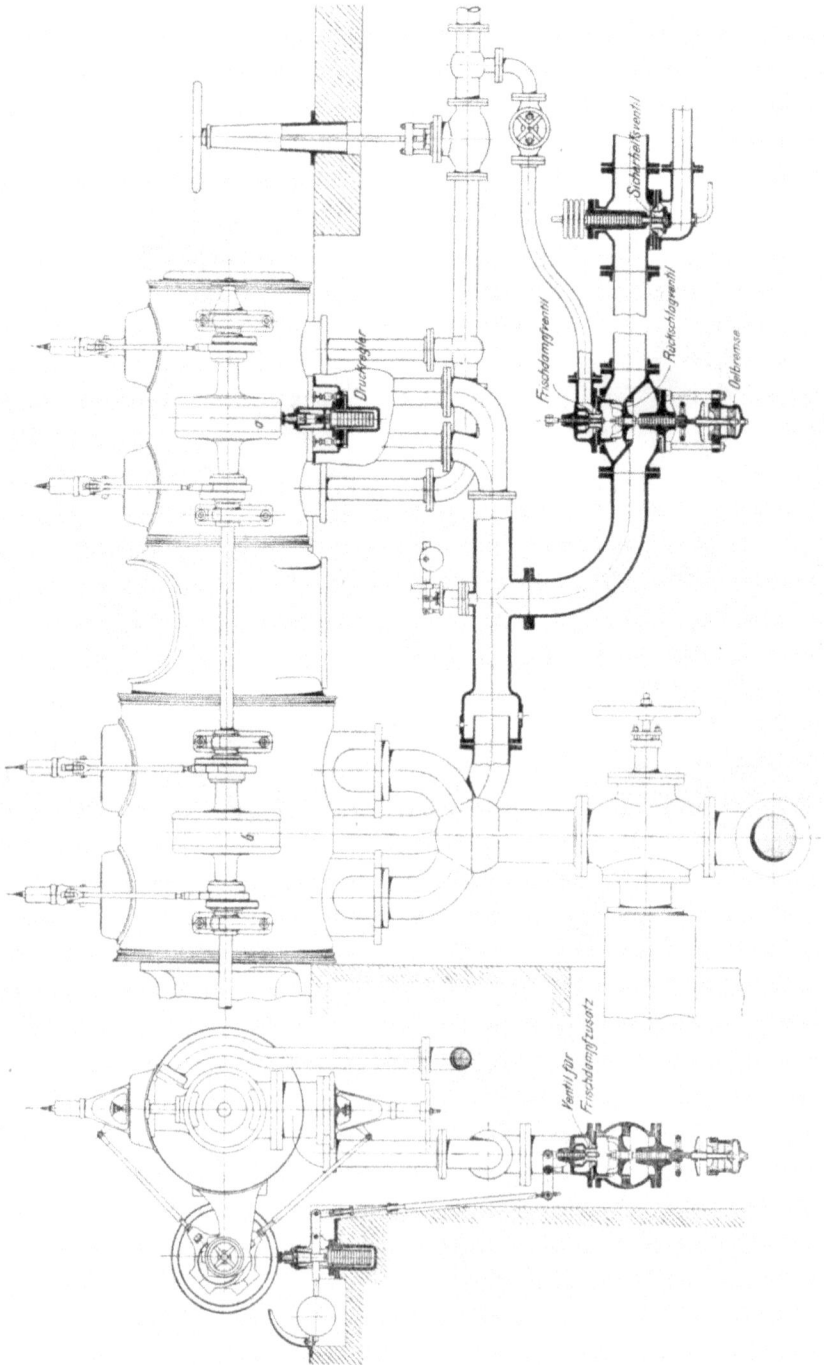

Fig. 20 und 21. Kolbenmaschine für Zwischendampfentnahme (Ausführung von Franco Tosi, Legnano).

Zahlentafel 18. Versuch an einer Kolbenmaschine mit Zwischendampfentnahme.
(Maschine von Franco Tosi, Legnano.)

Maschinengröße:		
Durchmesser Hochdruckzylinder . . . . mm		325
›　　　　Niederdruckzylinder . . . . ›		425
›　　　　Kolbenstange . . . . ›		75
›　　　　Hub . . . . ›		650
Zahl der minutl. Umdrehungen . . . . Umdr./Min.		125
Zylinderverhältnis		1 : 1,75
Normale Zwischendampfentnahme . . . . kg/Std.		1000
Druck im Aufnehmer . . . . Atm. abs.		2,5
Versuchsergebnisse:		
Dampfdruck Hochdruckzylinder Eintritt . . . . . Atm. abs.		12,0
Dampftemperatur　›　　　　　› 　. . . . . . . °C		270
Dampfdruck im Aufnehmer . . . . Atm. abs.		2,45
Dampftemperatur im Aufnehmer . . . . °C		148
Überhitzung im Aufnehmer . . . . °C		22
Vakuum im Kondensator . . . . %		94,6
Indizierte Leistung Hochdruckzylinder . . . . PS		117,3
›　　　　›　　　Niederdruckzylinder . . . . ›		49,7
›　　　　›　　　insgesamt . . . . ›		167
Effektive　›　　. . . . . ›		147
Mechanischer Wirkungsgrad . . . . v. H.		88
Stündl. Dampfmenge insgesamt . . . . kg/Std.		1435
›　　　　Zwischendampfentnahme . . . . ›		921
›　　　　Dampfmenge für Niederdruckzylinder . . . . ›		514
›　　　　der Zwischendampfmenge gleichwertige Frisch-		
dampfmenge . . . . ›		830
Stündl. Dampfmenge für Energieerzeugung . . . . . ›		605
Gütegrad der Wärmeausnutzung:		
Hochdruckzylinder, bezogen auf ind. Leistung . . . v. H.		71
Niederdruckzylinder,　›　　 ›　 › . . . . ›		45
		(bei 94,6% Vak.)
›　　　　　　　»　　 »　 ›　. . . . . ›		53
		(bei 90% Vak.)
Stündl. Dampfmenge für 1 PS_i[1]） . . . . kg/Std.		8,60
›　　　　›　　　› 1 PS_e[1]） . . . . ›		9,77
›　　　　›　　　› 1 PS_i[2]） . . . . ›		3,63
›　　　　›　　　› 1 PS_e[2]） . . . . »		4,09

---

[1]) Ohne Berücksichtigung der nutzbar gemachten Abwärme.

[2]) Mit Berücksichtigung der nutzbar gemachten Abwärme.

Wird bei dieser Maschine Zwischendampf entnommen, so beginnt der Aufnehmerdruck zu fallen. Dadurch tritt sofort der Druckregler in Tätigkeit, drückt gegen die Beharrungsmasse des Achsenreglers des Hochdruckzylinders und gibt dadurch mehr Füllung. Das Drehmoment wächst, die Umlaufzahl fängt an zu steigen, wodurch die Füllung des Niederdruckzylinders sich verringert. Eine derartige Einrichtung gestattet eine äußerst schnelle Anpassung an den jeweiligen Zwischendampfbedarf.

In Zahlentafel 18 sind Versuchsergebnisse an einer Kolbenmaschine bei Zwischendampfentnahme enthalten. Berücksichtigt man die durch die Zwischendampfentnahme ausgenutzte Wärme, so ergibt sich für 1 PS$_e$ ein stündlicher Dampfverbrauch von nur 4,09 kg/Std. Will man die Dampfersparnis angeben, die durch die Zwischendampfentnahme erzielt wird, so muß man den Dampfverbrauch der Maschine für die gleiche Leistung bestimmen und den Betrag der Heizdampfmenge hinzufügen. Unter Annahme des gleichen Gütegrades der Wärmeausnutzung, ergibt sich dann der Dampfverbrauch der Maschine zu 935 kg/Std. und die gesamte Dampfmenge zu 935 + 830 = 1765 kg/Std. Der Mehrverbrauch würde also 330 kg/Std. betragen, das sind 23% des Verbrauches bei Zwischendampfentnahme.

Eine für Zwischendampfentnahme eingerichtete Dampfturbine zeigt Fig. 22. Ähnlich wie bei der Gegendruckturbine (Fig. 16) ist ein Ventil d für Frischdampfzusatz, betätigt durch den Druckregler g, vorgesehen, ferner ein Sicherheitsventil e. Weiter sind an der Turbine zwei Regelorgane vorgesehen, ein Organ b für die Hochdruckturbine, betätigt durch den Tourenregler und ein Absperrorgan c, das unter dem Einfluß des Druckreglers in der Zwischendampfleitung steht. Steigt z. B. die Zwischendampfmenge, so verringert c die Dampfmenge für die Niederdruckturbine, die Umlaufzahl fällt ein wenig, wodurch der Tourenregler der Hochdruckturbine mittels des Absperrorganes b mehr Dampf zuführt. Die Einrichtungen regeln selbsttätig für beliebige Zwischendampfentnahmen und Leistungen der Maschine den Zwischendampfdruck und die Umlaufzahl der Maschine.

Zahlentafel 19 enthält Angaben über das Verwendungsgebiet der Gegendruck- und Anzapfmaschinen sowie über die Verwendung des entnommenen Abdampfes oder Zwischendampfes. Für alle angeführten Verwendungsgebiete kommen Gegendruck- und Anzapf-

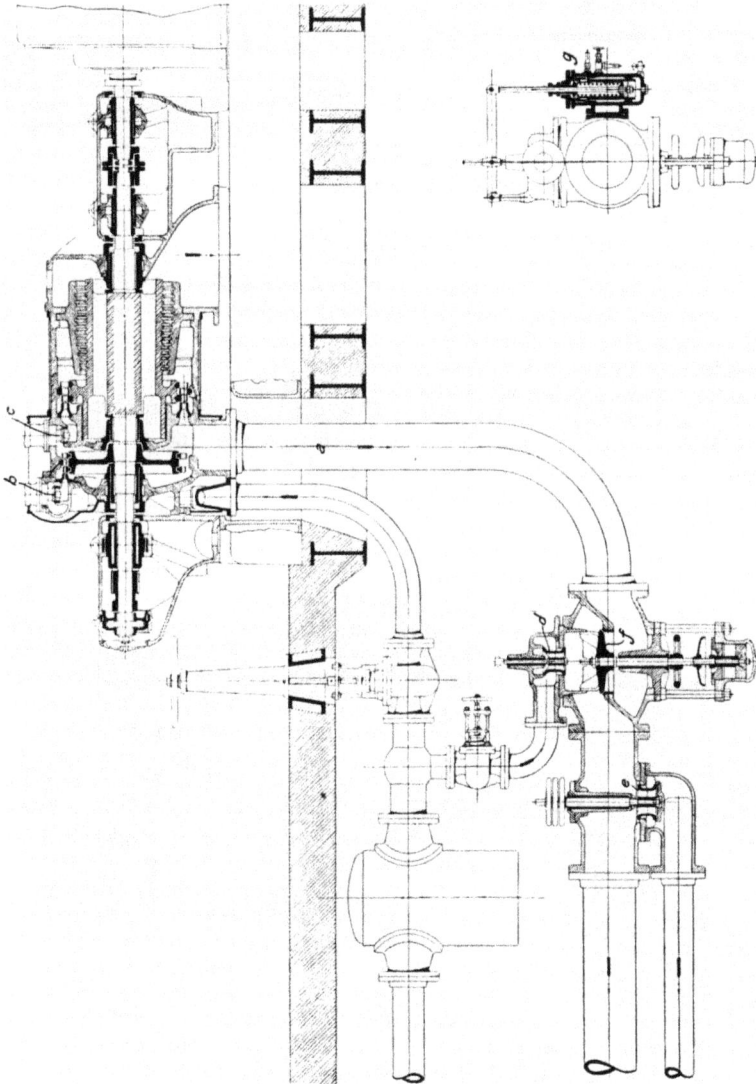

Fig. 22. Dampfturbine für Zwischendampfentnahme.

maschinen in Betracht. Zahlentafel 19 macht keinen Anspruch darauf,
die möglichen Anwendungsgebiete erschöpfend anzugeben. Sie soll
hauptsächlich die Mannigfaltigkeit des Verwendungsbereiches dartun.

Zahlentafel I9. Anwendung der Anzapf- und Gegendruckmaschinen.

Verwendungsgebiet	Hauptsächliche Verwendungszwecke	Druck des entnommenen Dampfes Atm.-Üb.
Elektr. Zentralen (Blockstationen)	Heizung von Räumen, Warmwasserbereitung	0,2—1,0
Badeanstalten	Warmwasserbereitung, Dampfbäder, Heizung von Räumen	0,2—1,0
Maschinenfabriken	Heizung von Räumen, Betrieb von Trockenapparaten	0,2—4
Zuckerfabriken	Kochen	0,2—0,8
Kaliwerke	Durchführung chem. Prozesse	~ 2
Braunkohlenwerke	Trocknen in der Brikettfabrik	2—3
Chemische Fabriken	Kochen, Heizen	0,8—2,5
Textilfabriken	Färben, Kochen, Trocknen	0—4
Papierfabriken	Heizen der Papiermaschinenzylinder, Warmwasserbereitung, Trocknen	0,5—3
Bierbrauereien	Kochen der Würzpfanne, Heizen	1,3—0,2

Turbinen für Abdampfverwertung.

Bei vielen Betrieben, hauptsächlich Bergwerken und Hütten-
werken, liegen die Verhältnisse genau umgekehrt wie bei den soeben betrachteten Anlagen. Es sind häufig mehrere, zum Teil große Maschinen
vorhanden, die mit atmosphärischem Gegendruck arbeiten. Die
Maschinen haben meist einen sehr hohen spezifischen Dampfverbrauch,
und große Dampfmengen gingen früher unausgenutzt in die Atmosphäre. In derartigen Betrieben haben sich Abdampfturbinen, die das
Druckgefälle vom Atmosphärendruckan bis auf Kondensatorspannung
ausnutzen, zur Hebung der Wirtschaftlichkeit als außerordentlich
vorteilhaft erwiesen, und sind deshalb schnell in Aufnahme gekommen.
Es kommen hierfür Kolbenmaschinen kaum in Betracht, da die
Dampfturbine bei niedrigen Drucken vorteilhafter arbeitet und außerdem außerordentlich hohe Vakua auszunutzen gestattet. Dies ist
aber wesentlich und ausschlaggebend. Der Einfluß des Vakuums

ist infolge des kleineren Wärmegefälles in der Abdampfmaschine natürlich ein verhältnismäßig viel größerer als bei Frischdampfmaschinen. Zahlentafel 20 und die entsprechende Fig. 23 enthalten

Zahlentafel 20. Einfluß des Vakuums bei Abdampfturbinen.
Gütegrad 0,7.

Vakuum . . . . v. H.	85	88	90	92	94	95	96	97	98
Verfügb. Wärmegefälle WE/kg	76	83,2	89	95,8	104,5	109,5	116,2	123,5	134,5
Stündl. Dampfverbrauch für 1 PS . . . . kg/Std.	11,9	10,86	10,15	9,42	8,64	8,25	7,78	7,32	6,72
Ersparnis durch erhöhtes Vakuum . . . . . kg/Std.	—	1,04	1,75	2,48	3,26	3,65	4,12	4,58	5,18
Ersparnis durch erhöhtes Vakuum . . . . . . v. H.	—	8,7	14,7	20,8	27,4	30,7	34,6	38,5	43,5
Ersparnis für 1 % Verbesserung des Vakuums . v. H.	2,8	3,25	3,6	4,0	4,7	5,2	5,9	7,1	—

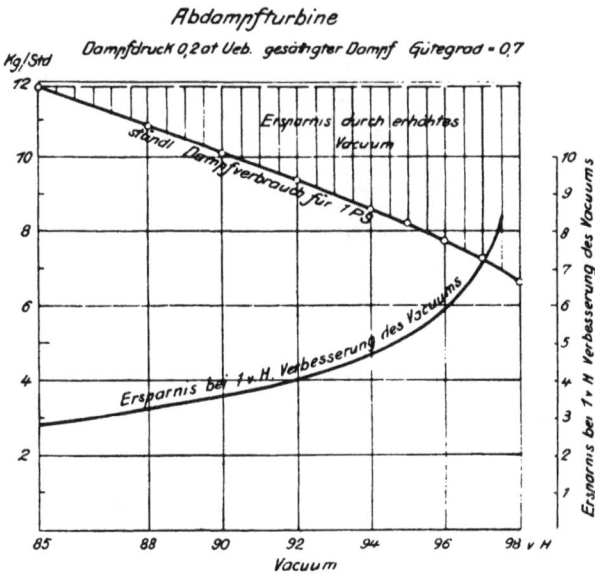

Fig. 23. Einfluß des Vakuums bei Abdampfturbinen.

zahlenmäßige Angaben. Kolbenmaschinen sind deshalb als Abdampfmaschinen auch kaum gebaut worden.

Der Betrieb von Abdampfturbinen wäre ein sehr einfacher, wenn der Abdampf in gleichmäßigen Mengen geliefert würde. Im allgemeinen ist das nicht der Fall. Fördermaschinen z. B. liefern während des Zuges sehr viel Dampf, während der darauf folgenden

Pause gar keinen. Um die Schwankungen in der Dampflieferung möglichst auszugleichen, werden Wärmespeicher vorgesehen. Die Wärmespeicher wurden früher allgemein und werden auch meistens jetzt noch als Apparate ausgeführt, die eine sehr große Wärmekapazität besitzen, so daß die Aufnahme bzw. Abgabe von erheblichen Wärmemengen nur kleine Temperatur- bzw. Druckschwankungen verursacht. Als Wärmeträger ist vornehmlich Wasser geeignet.

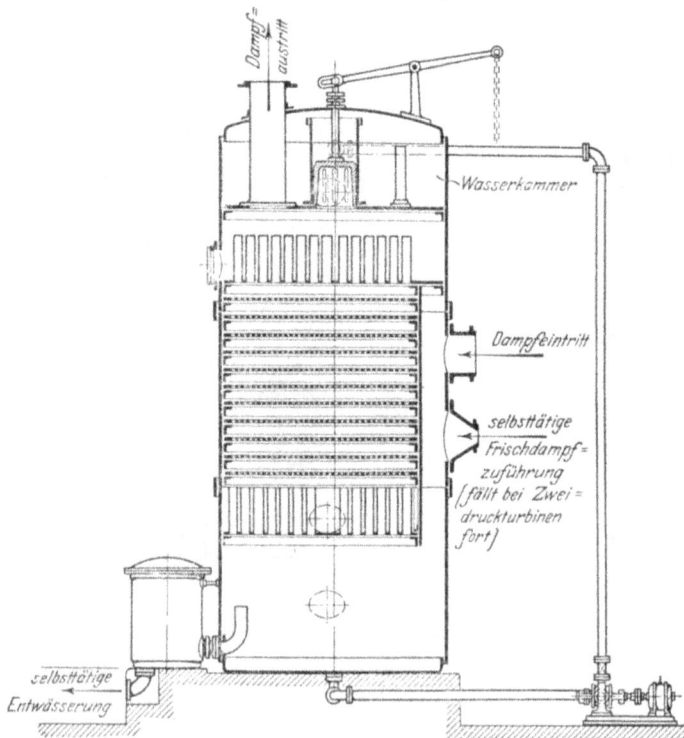

Fig. 24. Wärmespeicher von Louis Schwarz & Co., Dortmund.

Eisen gestattet die gleiche Wärmekapazität in etwa dem gleichen Volumen unterzubringen wie bei Wasser. Das Gewicht eines eisernen Wärmespeichers würde also 7—8mal so groß sein als das eines Apparates, dessen Wärmeträger vorzugsweise Wasser ist. Eine beispielsweise Ausführung eines derartigen Speichers (Schwarz & Co., Dortmund) ist in Fig. 24 veranschaulicht. Durch den fortwährenden Umlauf des im Wärmespeicher befindlichen Wassers wird ein wirksamer Wärmeaustausch erzielt.

Wärmespeicher dieser Art sind nur auf ziemlich kurze Zeit imstande, eine erhebliche Minderlieferung an Dampf z. B. auszugleichen.
Deshalb ist bei allen Abdampfturbinen ein Organ für Frischdampfzusatz vorgesehen. Dieses Organ wird durch einen vom Abdampf-

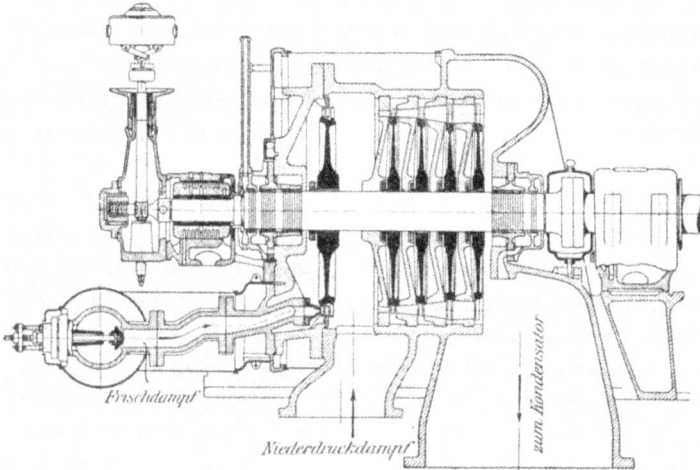

Fig. 25. Frischdampf-Abdampfturbine (Zweidruckturbine).

druck betätigten Druckregler gesteuert. Der dabei zugesetzte Frischdampf wird bei diesem Verfahren also bis auf die Abdampfspannung
herab abgedrosselt.

Aus dem Bestreben heraus, die Wirtschaftlichkeit weiter zu
vervollkommnen, schuf man Einrichtungen, um diesen Druckverlust zu
vermeiden. Turbinen,
mit derartigen Ein-
richtungen versehen,
heißen Frischdampf-
Abdampfturbinen. In
Fig. 25 ist eine solche
Turbine dargestellt (Aus-
führung der A. E. G.).
Der eigentlichen Nie-
derdruckturbine ist ein
zweikränziges Aktions-
rad vorgeschaltet, in

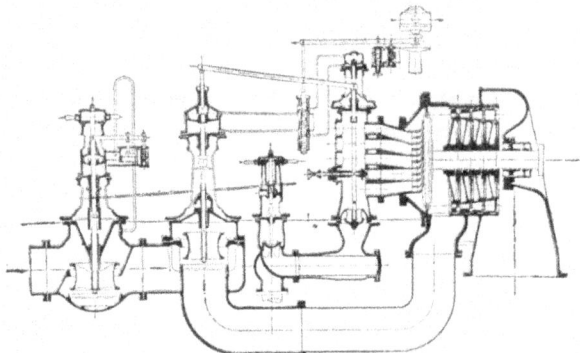

Fig. 26. Regelorgane für eine Frischdampf-Abdampfturbine (A.E.G.)

dem der Frischdampf Arbeit leistet, ehe er in die Niederdruckturbine gelangt. Fig. 26 zeigt die für einen derartigen Betrieb erforderlichen Organe. In der Abdampfleitung ist zunächst ein Druck

regler vorgesehen, der den Druck des Abdampfes konstant hält, also bei zu großer Abdampfentnahme durch die Turbine durch Drosselung diese Entnahme vermindert. Durch den Tourenregler der Turbine werden zwei Regelorgane betätigt: ein Absperrventil für den zuströmenden Abdampf und ein Absperrventil für zuzusetzenden Frischdampf. Bei genügend großen zur Verfügung stehenden Abdampfmengen ist das Frischdampfventil geschlossen, die Turbine arbeitet als reine Abdampfturbine. Erst wenn das Abdampfventil ganz geöffnet ist und die Leistung weiter steigt, wird das Frischdampfventil geöffnet.

Neuerdings werden Wärmespeicher ausgeführt, bei denen der Ausgleich der Schwankungen der Abdampfmengen durch eine Eisenglocke mit sehr großem Volumen erfolgt. Diese Glocke arbeitet wie ein Gasometer bei der Leuchtgasaufspeicherung. Man kann mit derartigen Einrichtungen erhebliche Dampfgewichte aufspeichern. Ein weiterer Vorteil ist der, daß man den Druck des Dampfes praktisch genau konstant halten kann. Abbildung 27 zeigt eine Ausführung der Firma Balcke & Co., A.-G., Bochum.

Abdampfturbinen kommen nur für solche Werke in Betracht, wo alte Auspuffdampfmaschinen vorhanden sind. Bei Neuanlagen ist man bestrebt, die Energieerzeugung zu zentralisieren und die einzelnen Bedarfsstellen elektrisch mit Energie zu versorgen. Die Förderung z. B. geschieht elektrisch, Wasserförderung durch elektrisch betriebene Kreiselpumpen, Luftverdichtung durch elektrisch betriebene Schleuderkompressoren. In dem Maße also, wie die vorhandenen Anlagen nach modernen Gesichtspunkten umgebaut werden, wird die Bedeutung der Abdampfturbine abnehmen.

3. Vergleich der Wärmeausnutzung von Dampfmaschinen und Dampfturbinen bei verschiedenen Belastungen, Überlastungen etc.

Vergleicht man den Gütegrad der Wärmeausnutzung von Dampfmaschinen und Dampfturbinen (Kurven a, Fig. 28), so zeigt sich, daß die Zunahme des Gütegrades beider Kraftmaschinen mit der Leistung ungefähr den gleichen Verlauf hat, daß aber die Kolbendampfmaschine wenigstens bei den betrachteten Maschinengrößen eine bessere Wärmeausnutzung aufweist als die Dampfturbine. Da die Dampfturbinen aber in der Regel mit höherem Vakuum arbeiten, also ein höheres Wärmegefälle ausnutzen, so wird trotzdem ihr spezifischer Dampfverbrauch für die PS_e Std. bei größeren Leistungen kleiner.

Da die Gütegrade für Kolbenmaschinen und Turbinen für annähernd gleiche Verhältnisse und in Abhängigkeit von der Leistung festgestellt sind, kann man den spezifischen Dampfverbrauch beider

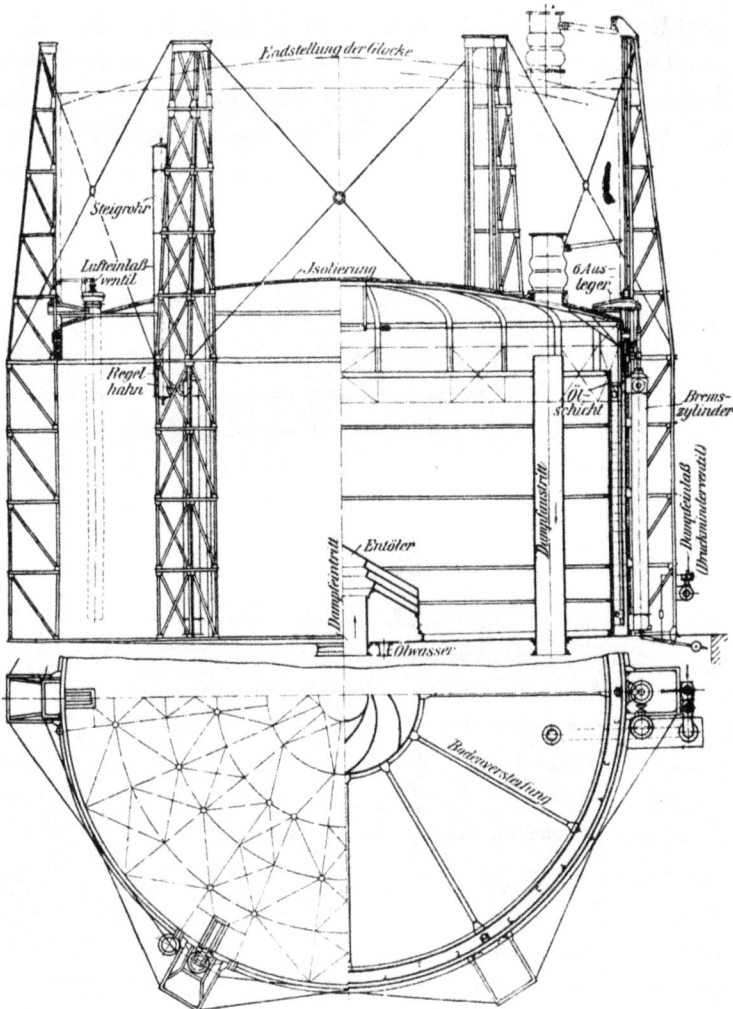

Fig. 27. Glockenwärmespeicher (Balcke, Bochum).

Maschinensysteme unter Zugrundelegung eines gleichen Dampfanfangszustandes bestimmen und vergleichsweise beurteilen.

Nimmt man eine Kesselspannung von 11 Atm. Überdruck, eine Dampftemperatur von 300° C und ein Vakuum von 85% für die Dampfmaschine, von 90 bzw. 94% für die Dampfturbine an, so

ergibt sich in Fig. 28, Kurven *b*, der Verlauf der stündlichen Dampfverbrauche für 1 PS$_e$. Man sieht, daß der Dampfverbrauch der Dampfturbinen mit zunehmender Leistung rascher abnimmt wie bei der Kolbenmaschine, und daß bei dem höheren Vakuum von 94% bereits bei
400—500 KW der Dampfverbrauch der Dampfmaschine von der
Dampfturbine erreicht, bei größeren Leistungen unterschritten wird.

Es muß nochmals hervorgehoben werden, daß versucht wurde,
in den Darstellungen mittlere Verhältnisse zu kennzeichnen. Es

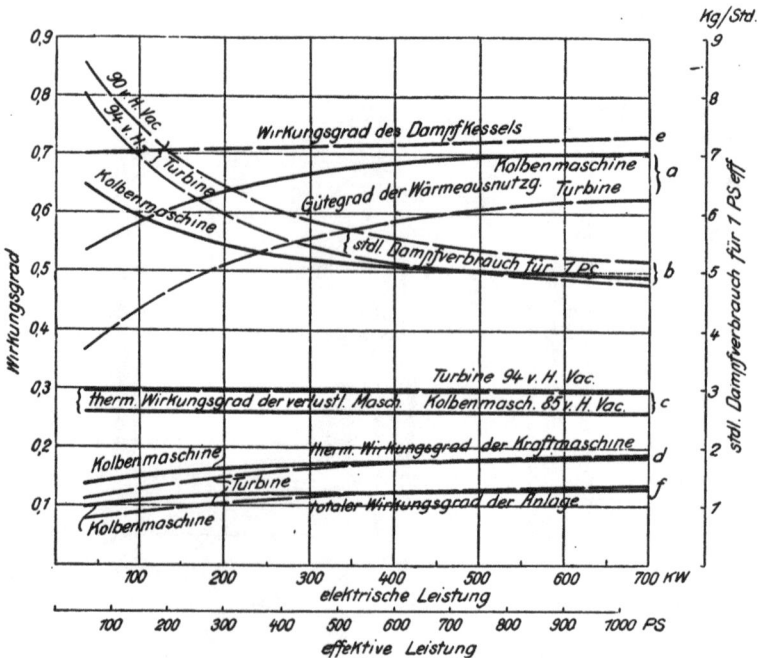

Fig. 28. Wärmeausnutzung in Kolbenmaschinen und Dampfturbinen.

ist bekannt, daß ebenso bei Kolbenmaschinen wie bei Dampfturbinen die Ausnutzung durch die Bauart und die Ausführung
beeinflußt wird. Diese Maschinen unterliegen in bezug auf die
erreichte Wärmeausnutzung wesentlich größeren Schwankungen als
z. B. die Gasmaschine und der Dieselmotor.

Es ist ferner für die beiden Maschinensysteme der thermische
Wirkungsgrad der verlustlosen Maschinen eingetragen; mit Rücksicht
auf das höhere in der Turbine vorausgesetzte Vakuum sind die
Turbinen den Dampfmaschinen überlegen, diese thermischen Wir-
kungsgrade sind unabhängig von der Maschinenleistung (Kurven *c*,
Fig. 28, ca. 30 bzw. 27%).

Bei den wirklich erreichten thermischen Wirkungsgraden macht sich die Maschinengröße bemerkbar. Durch den Einfluß der Reibungsarbeit, Wandungen, Undichtheit, wird der wirklich erreichte thermische Wirkungsgrad bei den kleineren Leistungen stärker herabgezogen, als bei größeren. Von 600—700 KW ab sind die Verluste nahezu konstant (Kurven *d*, Fig. 28).

Allgemein kann man aus den Versuchen den Schluß ziehen, daß bei kleineren Leistungen, etwa unter 400 KW, die Dampfmaschine eine bessere thermische Ausnutzung der Dampfenergie ermöglicht als die Dampfturbine, daß von 400—600 KW beide Systeme darin etwa gleich sind, und daß bei größeren Leistungen und günstigerem Vakuum aber eine Überlegenheit der Turbine über die Kolbenmaschine eintritt.

Die Überlastungsfähigkeit der Kolbenmaschinen (es ist dies ein großer Vorzug derselben) ist bekanntlich sehr bedeutend; es geht dies auch aus Zahlentafel 10, Reihe 11, hervor. Die Steigerungsfähigkeit der Leistung beträgt bei den meisten angeführten Maschinen 20—30% und erreicht in Einzelfällen 45% der Normallast. Eine Überlastungsfähigkeit der Dampfturbinen ist ebenfalls bei allen Systemen möglich durch Einführung von Frischdampf in die Mitteldruckstufe. Eine solche Überlastung geschieht dann allerdings auf Kosten der Wärmeausnutzung. Ohne wesentliche Veränderung des spezifischen Dampfverbrauches ist die Überlastung nur zu erreichen bei den Aktionsturbinen mit einstellbarer Beaufschlagung (Curtis, A.E.G. neue Brown-Boveri-Parsonsturbinen), bei welchen Hilfsdüsen geöffnet werden können. Bei diesem Verfahren wird der Gütegrad der Wärmeausnutzung wenig geändert.

Die Abhängigkeit des spezifischen Dampfverbrauches von Dampfmaschinen und Dampfturbinen bei verschiedenen Belastungen hauptsächlich unter normal wird aus der Zahlentafel 21 für eine Kolbenmaschine (von van den Kerchove, Versuche von Schröter und Koob), aus Zahlentafel 22 für eine Parsonsturbine von 300 KW, letztere nach Versuchen im Maschinenbau-Laboratorium der Kgl. Techn. Hochschule Charlottenburg kenntlich. Nach diesen Zahlenwerten ist das Verhalten der beiden Maschinensysteme in Fig. 29 vergleichsweise zusammengestellt.

Es ergibt sich, daß die Heißdampfmaschine bei Belastungen unter normal bis zu 60% der Normallast sogar einen geringen Minderverbrauch gegenüber dem bei Normallast aufweist, und erst bei 50% Belastung erreicht der Dampfverbrauch wieder denjenigen der Normal-

Zahlentafel 21. Abhängigkeit des spez. Dampfverbrauches der Kolbenmaschine von dem Belastungsgrade der Maschine.

Nach Versuchen von Schröter und Koob Z. d. V. d. I. 1903. (Normalleistung 250 PS).

		Gesättigter Dampf						Dampftemperatur 300° C				
Indizierte Leistung	PS	312	273	219	168	117	22	314	269	220	168	119
Effektive Leistung	»	291	252	198	146	95	0	293	247	199	146	98
desgl. in v. H. der normalen Leistung	v. H.	116	101	79	58	38	0	117	99	80	58	39
Stündl. Dampfverbrauch für 1 PSi . .	kg/Std.	6,09	5,72	5,47	5,28	5,37	6,13	4,86	4,65	4,46	4,34	4,31
Stündl. Dampfverbrauch für 1 PSe . .	»	6,54	6,21	6,06	6,06	6,58	—	5,22	5,05	4,94	4,98	5,26
Abweichung gegenüber dem Verbrauch bei normaler Belastung	v. H.	+5,3	0	−2,4	−2,4	+6,0	—	+3,4	0	−2,2	−1,4	+4,2

Zahlentafel 22. Abhängigkeit des spez. Dampfverbrauches der Dampfturbine von dem Belastungsgrade (bei konstantem Vakuum).

Versuche an einer 300 KW Parsons-Turbine des Maschinenbaulaboratoriums der Technischen Hochschule Charlottenburg.[1]

		Dampftemperatur 300° C, Dampfdruck 12 Atm. Überdruck, Vakuum im Kondensator 90%						
Effektive Leistung	PS	442	373	310	247	188	131	77
desgl. in % der Normalleistung	v. H.	100	84	70	56	43	30	17
Stündl. Dampfverbrauch	kg/Std.	3170	2780	2400	2010	1630	1250	865
Stündl. Dampfverbrauch für 1 PSe . .	»	7,17	7,46	7,75	8,14	8,67	9,55	11,22
Abweichung gegenüber dem Dampfverbrauch bei normaler Belastung	v. H.	0	+4,0	+8,1	+13,5	+20,9	+33,2	+56,5

[1] Dr.-Ing. Gensecke, Versuche an einer Parsonsturbine, Zeitschr. f. d. ges. Turbinenwesen 1909, Nr. 6.

last. Bei weiterer Abnahme der Belastung unter 50% steigt der spezifische Dampfverbrauch dann allerdings rasch an, weil dann die Wandungseinflüsse sich besonders bemerkbar machen und die bei allen Belastungen fast gleiche Reibungsarbeit der Maschine bei geringerer Leistung mehr ins Gewicht fällt.

Vergleicht man mit diesen Ergebnissen die bei Dampfturbinen, so nimmt der Dampfverbrauch letzterer zunächst wesentlich schneller mit Abnahme der Belastung zu, wenn die Dampfturbine mit reiner

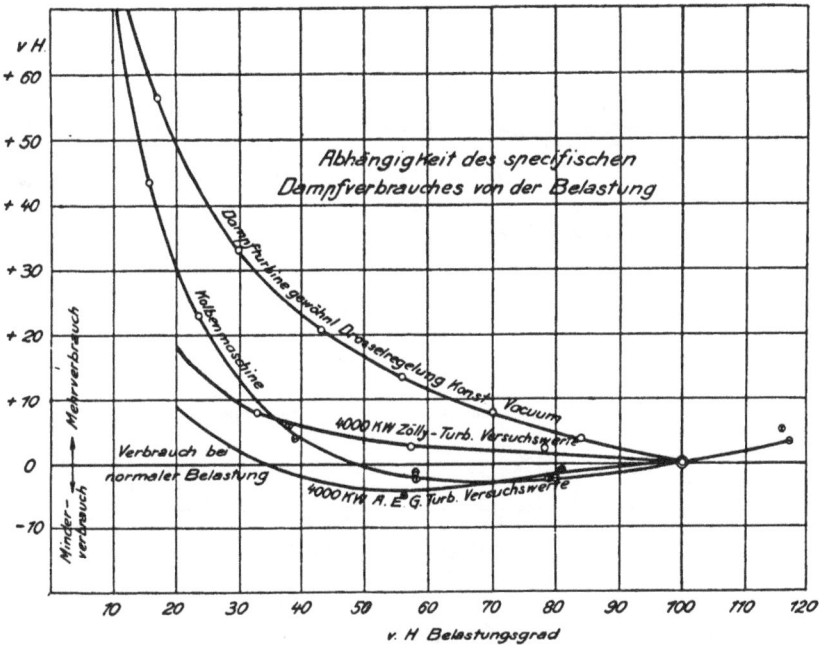

Fig. 29.

Drosselregelung und mit konstantem Vakuum im Kondensator betrieben wird. (Versuche an einer 300 KW-Parsonsturbine nach Zahlentafel 22.) Bei sehr kleinen Belastungen werden die Verhältnisse für die Dampfturbinen günstiger, weil die Reibungsarbeit derselben äußerst gering ist. Sie beträgt etwa 1,5—2% der Normallast, während man bei Kolbenmaschinen mit 8—14% rechnen muß.

Praktisch gestalten sich die Verhältnisse für die Dampfturbinen im allgemeinen günstiger, auch wenn man die reine Drosselregelung beibehält. Der Grund ist der, daß bei hochwertigen Kondensationsanlagen das Vakuum bei verringerter Belastung besser wird. Ein Teil des Verlustes durch die Drosselung wird also durch den Gewinn

infolge des höheren Vakuums ausgeglichen. Es ist fast immer zweckmäßig, auch bei geringerer Last die Kondensation mit unverminderter
Kühlwassermenge zu betreiben. Der dadurch relativ größer werdende
Energieverbrauch für die Kondensation wird durch die Verbesserung
des spezifischen Dampfverbrauches der Kraftmaschinen mehr als
ausgeglichen. In Zahlentafel 23 sind Versuchsergebnisse an einer
4000 KW Zölly.-Turbine enthalten, bei der das Vakuum mit Abnahme der Leistung zunimmt. In Fig. 29 ist der dadurch erzielte
Vorteil veranschaulicht.

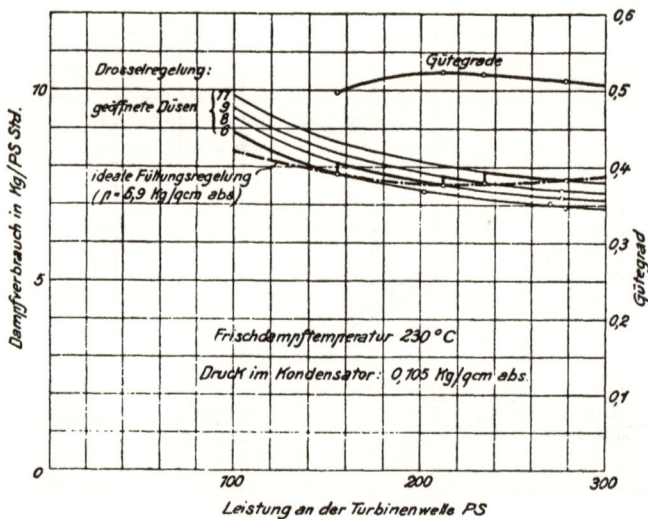

Fig. 30.

Betreibt man die Kondensation in richtiger Weise und geht man
gleichzeitig von der Drosselregelung zur Düsenregelung über, so ist
die Dampfturbine der Kolbenmaschine bezüglich der Änderung des
Dampfverbrauches mit der Belastung mindestens ebenbürtig. Die
Versuchsergebnisse einer 4000 KW A. E. G.-Turbine in Zahlentafel 23
und die Dampfverbrauchskurve in Fig. 29 belegen dies. Diese Dampfverbrauchskurve ist etwas zu günstig gezeichnet, sie würde für den
Fall gelten, daß sehr viele Düsen einzeln abgesperrt werden können.

In Wirklichkeit sperrt man jedesmal eine größere Zahl von Düsen
ab, und die tatsächliche Änderung des Dampfverbrauches geschieht
nach einer gebrochenen Kurve (Fig. 30 nach Versuchen an einer
200 KW A.E.G. Turbine im Maschinenbaulaboratorium, Techn. Hochschule, Charlottenburg).

Zahlentafel 23. Dampfverbrauch und Wärmeausnutzung bei verschiedener Belastung von Großturbinen.

	A. E. G.-Turbine Rummelsburg Normalleistung 4000 KW entspr. 5850 PSe						Zölly-Turbine (Escher Wyss) Normalleistung 4000 KW entspr. 5770 PSe			
Belastung in Kilowatt KW	2200	2236	3240	3247	4232	4239	4189	3092	2199	1138
Belastung in v. H. der normalen	55	56	81	81	106	106	105	77	55	28,4
Wirkungsgrad des Generators	0,895	0,897	0,919	0,919	0,932	0,932	0,944	0,930	0,908	0,842
Belastung in PSe	3340	3390	4794	4804	6190	6200	6080	4510	3290	1836
Belastung in v. H. der normalen	57	58	82	82	106	106	105	78	57	32
Dampfdruck Eintritt Turbine . Atm. abs.	13,44	13,54	13,34	13,34	13,24	13,24	12,6	12,85	12,4	12,75
Dampfdruck Austritt Turbine . Atm. abs.	0,0184	0,0193	0,0198	0,0198	0,0253	0,0278	0,042	0,038	0,026	0,022
Dampftemperatur Eintritt Turbine . °C	334	345	333	330	341	350	291,5	292,4	270,3	271,5
Ständl. Dampfverbrauch für 1 KW . kg/Std.	5,40	5,34	5,49	5,45	5,50	5,43	6,03	6,26	6,59	7,31
Ständl. Dampfverbrauch für 1 PSe . kg/Std.	3,55	3,53	3,71	3,69	3,76	3,71	4,19	4,29	4,40	4,53
Ständl. Dampfverbrauch für 1 PSe der vollkommenen Turbine kg/Std.	2,49	2,48	2,52	2,53	2,58	2,57	2,88	2,83	2,78	2,72
Gütegrad der Wärmeausnutzung	0,702	0,702	0,679	0,686	0,687	0,693	0,688	0,661	0,632	0,601

4. Ausnutzung der Brennstoffe in Dampfkraftanlagen.

Nachdem die Ausnutzung der Dampfenergie in den Dampfmaschinen bei Normallast in ihrer Abhängigkeit von der Maschinengröße und von dem Belastungsgrad usw. auf Grund von Versuchen
erörtert worden ist, ist die erreichbare Ausnutzung des Brennstoffes
in der Gesamtdampfkraftanlage, das sind Kessel- und Maschinenanlage, zu besprechen.

In bezug auf die Dampfkraftanlage gilt in noch erhöhtem Maße,
was bereits bei den Dampfmaschinen hervorgehoben worden ist,
nämlich, daß die Art der Konstruktion und der Ausführung der
Anlage, insbesondere in ihren Nebenteilen, Rohrleitungen, Kondenswasserabführung, Kondensation, Isolierung der Rohrleitungen usw.,
von erheblichem Einfluß auf die erreichbare Umsetzung der Brennstoffenergie ist. Bei an sich guten Kessel- und Maschinenanlagen
kann der wirklich erzielte Kohlenverbrauch pro Nutzpferdstunde
durch Vernachlässigung dieser Nebenteile sehr ungünstig beeinflußt
werden. Es ist daher zweckmäßig, eine Dampfkraftanlage stets als
Ganzes und einheitlich zu entwerfen und nicht, wie das so häufig
zum Schaden der Besitzer geschieht, die zahlreichen Einzelteile in
ebensoviele Hände zu geben, wobei das Gesamtresultat die auf Grund
der Einzelgarantien erwarteten Werte in der Regel bei weitem nicht
erreicht.

Was z. B. durch Verminderung der äußeren Wärmeverluste
bei Dampfkraftanlagen erreicht werden kann, beweisen die bei
Heißdampflokomobilen mit den einfachsten Mitteln erreichten Aus-
nutzungen des Brennstoffes.

Nach neueren Versuchen an Wolffschen Lokomobilen mit zwei-
facher Überhitzung (Versuche von Gutermuth) und an Lanzschen
Lokomobilen mit einfacher Überhitzung (Versuche von Schröter und
Josse) sind die in Zahlentafel 24 mitgeteilten Dampf- und Kohlen-
verbrauche erreicht worden, die als außerordentlich günstig bezeichnet
werden müssen und die nicht besser bei Großkraftwerken erreicht
werden.

Wenn die Verminderung der äußeren Wärmeverluste bei ort-
festen Anlagen auch nicht in dem Maße durchgeführt werden kann
wie bei Lokomobilen, so ist doch in dieser Beziehung mehr zu
erreichen, als allgemein bei Dampfkraftanlagen für nötig erachtet wird.
Von weiterem maßgebenden Einfluß für die Brennstoffausnutzung
bei Dampfkraftanlagen ist die Betriebsführung, inbesondere der

Zahlentafel 24. Dampf- und Kohlenverbrauch von Heißdampflokomobilen.

Bezeichnung der Lokomobile	Nach Versuchen von	Leistg. PSe	Kesseldr. kg/qcm Überdruck	Dampftemperatur	Vakuum v. H.	Umdrehungszahl/min	mechan. Wirkungsgrad	Stdl. Dampf- u. Wärmeverbr. für 1 PSe. WE bei 00 (bei 0°) Speisewassertemp. kg	Heizwert	Verbrauch kg/PS·Std.	Wärmeverbr. WE
Wolfsche Heißdampflokomobile von 200 PS mit einfacher Überhitzg.	Gutermuth Z. d. V. 1906	134	11,8	208	90	157,1	0,88	3980 (3770)	7500	0,641	4810
		177	11,8	312	90	155,6	0,908	3950 (3750)	7500	0,628	4710
		203,5	11,8	309	89	155,5	—	3970 (3770)	7500	0,618	4620
		220	11,8	332	89	154	0,91	3940 (3740)	7500	0,632	4750
Wolfsche Heißdampflokomobile mit zweifacher Überhitzg. (100 PS)	Gutermuth Z. d. V. 1908	133	15,15	348	—	235,8	0,955	3140 (2930)	7716	0,494	3800
		104,8	15,15	329	—	236,6	0,946	3050 (2840)	7716	0,474	3650
		80,1	15,15	316	—	236,2	0,934	3210 (3050)	7716	0,506	3900
Lanzsche Heißdampflokomobile mit einfacher Überhitzg. (140—168 PS)	Joose Z. d. V. 1908	181,0	12,01	360,7	88,1	173,5	0,928	3500 (3276)	7842	0,524	4100
Lanzsche Heißdampflokomobile mit einfacher Überhitzg. (220—260 PS)	Schröter	177,5	—	∾340°	—	—	—	—	—	0,53	—
		248,7	—	∾360°	—	—	—	—	—	0,50	—
		∾305	—	∾375°	—	—	—	—	—	0,50	—

Zahlentafel 25. Kraftgaserzeugung.

Brennmaterial	Durchschnittl. Heizwert des Brennstoffes WE/kg	Mit Sicherheit erzielter Nutzeffekt d. Generatoren in v. H.	Pro kg Brennstoff im Gas enthaltene Wärme WE	Unterer Heizwert des erzeugten Gases WE/cbm	Brennstoffverbrauch der Gaskraftanlage pro PSe in g/k
I. { Anthrazit	7500—8000	80—85	6000—6400	1200	0,39—0,42
Koks	6000—7500	75—80	4500—6000	1100	0,42—0,56
II. { Braunkohlen	2500—5000	50—75	1250—3500	1000	0,74—1,43
Braunkohlenbriketts	4300—5000	70—80	3010—3750	1000—1100	0,67—0,835
Torf	3300—3500	50—65	1500—2275	900—1000	1,1—1,67
Holz	3000—4500	50—65	1500—2925	900—1000	0,86—1,67
III. Steinkohlen	6500—7500	65—70	4225—5250	950—1000	0,48—0,59
IV. { Anthrazitgrus	7000—7500	55—65	3850—4875	1100	0,51—0,65
Koksgrus	5000—6500	50—60	2500—3900	1000—1050	0,63—1,00
Rauchkammerlösche	5000—6000	50—60	2500—3600	1000—1050	0,7—1,00

5*

Kesselanlage. Keine andere Wärmekraftmaschine ist in dieser Beziehung so sehr von der Art der Bedienung abhängig wie die Dampfkraftanlage.

Um die bei Versuchen erreichbare Ausnutzung des Brennstoffes in Dampfanlagen mit Kolbenmaschinen und Turbinen zu veranschaulichen, ist in Fig. 28, unten, unter Benutzung der in Kurve *e* angegebenen Kesselwirkungsgrade und unter der Voraussetzung, daß Verluste zwischen Kessel und Maschine nicht auftreten (in Wirklichkeit können sie bei rationell gebauten Anlagen sehr gering gehalten werden), die in Kurve *f* dargestellte Ausnutzung des Brennstoffes bei verschiedenen Leistungen ermittelt.

Man sieht, daß die Ausnutzung der Brennstoffwärme bei einer Leistung von etwa 600 KW bei Kolbenmaschinen und Turbinen zirka 13% erreicht, bei Großkraftwerken ist noch eine Steigerung bis auf etwa 15 v. H. möglich. Dampfturbinen mit hohem Vakuum lassen bei größeren Leistungen ebenfalls noch eine etwas höhere Ausnutzung zu.

Ungünstig verhalten sich die Dampfkraftanlagen bei Kleinbetrieben (von etwa 100 KW und geringerer Leistung).

B. Gaskraftanlagen.

In Sauggasanlagen können zur Kraftgaserzeugung vorläufig noch nicht alle Brennstoffe verwendet werden, obgleich man in den letzten Jahren erhebliche Fortschritte in dieser Hinsicht gemacht hat. In erster Linie kommen zur Gaserzeugung in Betracht Anthrazit, Koks und Braunkohle (Rohkohle oder Briketts). Man kann neuerdings auch gewisse Steinkohlen, Feinkohle, insbesondere Feinanthrazit, Abfall von Koks, Anthrazitgrus, Rauchkammerlösche, Torf u. a. zu Kraftgas verarbeiten.

Während unter den Dampfkesseln die Brennstoffe vollkommen zu Kohlensäure verbrannt werden, wird in den Generatoren der Sauggasanlagen nur eine teilweise Oxydation zu CO vorgenommen bei gleichzeitiger Zuführung und Zerlegung von Wasserdampf in Wasserstoff unter Bildung von Kohlenoxyd. Das entstandene Misch- oder Generatorgas enthält daher, wenn aus bitumenarmen Brennstoffen hergestellt, im wesentlichen als brennbare Bestandteile Kohlenoxyd und Wasserstoff, wenn aus bituminösen Kohlen erzeugt, noch Kohlenwasserstoffe. Die bitumenarmen Brennstoffe (Anthrazit, Koks) vergasen

sich am leichtesten, und zwar in Generatoren mit einer
Brennzone.

Der zur Mischgaserzeugung nötige Wasserdampf wird unter
Ausnutzung der Wärme des abströmenden Kraftgases bei kleineren
Anlagen in einem mit dem Generator organisch zusammengebauten
Dampferzeuger, bei größeren Anlagen in besonderen Röhren-
apparaten (mit Vorteil aus Gußeisen hergestellt) erzeugt. Auf 1 kg
Anthrazit werden 0,7 und mehr kg Wasser in Dampfform unter
den Rost geleitet. Außer Kohlenoxyd (15—25 %) und Wasserstoff-
gas (10—16 %) enthält dieses Mischgas gewöhnlich noch 2—3 % an
sonstigen Brenngasen (Kohlenwasserstoffe u. dgl.); der Rest setzt
sich aus Kohlensäure (5—12 %) und Stickstoff (etwa 50 %), also un-
verbrennlichen Gasarten zusammen. Der Gasheizwert schwankt
zwischen 1100 und 1300 WE auf 1 cbm. Die Gaserzeuger für Anthrazit und Koks haben nur eine untere Brennzone. Die Inbetrieb-
setzung dieser Generatoren geschieht durch Anblasen mittels Ventilators.

Die Abkühlung und Reinigung des Gases erfolgt in einem oder
zwei hintereinander geschalteten Skrubbern oder in einem Skrubber
und in einem Trocken(Sägemehl-)reiniger; außerdem wird zweckmäßig vor der Gasmaschine noch ein mit leicht auswechselbarem
Einsatz versehener Teerabscheider (Stoßreiniger) und ein Staub-
abscheider zum Zurückhalten der teerigen Bestandteile und des
Staubes eingeschaltet. Eine gründliche Gasreinigung ist die
wichtigste Vorbedingung für jeden geordneten Betrieb;
sie verteuert naturgemäß die Herstellungskosten der
Generatoranlage, macht sich aber durch die längere
Lebensdauer der Maschinen bald reichlich bezahlt.

Besondere Aufmerksamkeit erfordert bei Sauggasanlagen die
Beseitigung der Abwasserdünste, die zweckmäßig mit der angesaugten Luft in den Generator gesaugt werden.

Bei Anthrazit- und Koksgeneratoren sind etwa 80—88 % der
Wärmeenergie des Brennstoffes in dem entstandenen Kraftgas vorhanden. Sie arbeiten am wirtschaftlichsten bei voller Beanspruchung
bzw. Überlastung.

Die Generatoranlagen für Braunkohlen und Braunkohlenbriketts unterscheiden sich von den Anthrazitgasanlagen nur
in der Bauart der Generatoren und in der Dampferzeugung. Die
Konstruktion der Reinigungsapparate bleibt dieselbe. Die Genera-

toren besitzen in ihrem oberen und in ihrem unteren Teil je eine Feuerzone, also z w e i Brennzonen. Beide können den Betriebs-verhältnissen entsprechend leicht regulierbar eingerichtet werden. Das fertige Gas wird etwa in der Mitte des Generatorschachtes ab-gesaugt. In der oberen Brennzone werden die bituminösen Kohlen entgast. Es tritt dabei so viel Luft hinzu, daß die leicht flüchtigen Destillationsprodukte sofort verbrannt und ihre Verbrennungspro-dukte in der glühenden Kohlenschicht wieder reduziert werden.

In der unteren Feuerzone, die aus glühenden Koksstücken und Asche besteht, da die Braunkohlenbriketts in der oberen Feuerzone bereits völlig entgast wurden, spielt sich derselbe Prozeß ab wie in den gewöhnlichen Anthrazit- und Koksgeneratoren.

Bei Braunkohlen hat man in der Regel gar keinen oder nur wenig Wasserdampf zuzusetzen, da diese Brennstoffe schon an und für sich einen hohen Wassergehalt besitzen. Es kann deshalb meistens von der Anordnung eines besonderen Wasserverdampfers Abstand genommen werden. Ist Wasserdampfzusatz notwendig, so kann das erforderliche Verdampfungswasser in einfacher Weise unter den Rost geleitet werden, wo genügend Wärme für dessen Verdampfung vorhanden ist. Bei Vergasung eines Brennstoffes mit ca. 20% Wassergehalt ist der Zusatz von Wasserdampf nicht mehr erforderlich. Die heißen, aus dem Generator abziehenden Gase werden, bevor sie in den Skrubber gelangen, neuerdings vorteilhaft durch einen Luftvorwärmer geleitet, in welchem das Generatorgas heruntergekühlt und die für die Verbrennung der Destillationsprodukte (obere Brennzone) be-nötigte Luft gleichzeitig bis auf ca. 200—300° C vorgewärmt wird. Der Wirkungsgrad des Generators wird durch die Anordnung eines solchen Luftvorwärmers um einige Prozent erhöht. Es ist zweck mäßig, den Braunkohlengenerator mit einem R a u c h g a s v e r -b r e n n e r auszurüsten, in dem die während der Betriebspausen, besonders auch beim Anheizen entstehenden Rauchgase verbrannt und so gut wie geruchfrei gemacht werden.

Generatoren zur Vergasung von Steinkohlen werden entweder ähnlich wie diejenigen der Braunkohlen gebaut, oder die Vergasung erfolgt nach folgendem Verfahren (Pintsch): In einer unteren Zone, der »Vergasungszone«, entsteht Generator-gas, das teils von der Maschine in die Kraftgasleitung, teils von einem Exhaustor durch die oben frisch aufgegebenen Kohlen gesaugt wird. Die vom Exhaustor dabei mit angesaugten, in der oberen Brennzone frei gewordenen Teerdämpfe und Leuchtgase werden unter den Rost des Generators geblasen, hier mit Luft gemischt und in freier Flamme verbrannt. Die Verbrennungsprodukte treten zusammen mit überschüssiger Luft in den Vergasungsraum ein, wo sie zum größten Teil zu Kohlenoxyd und Wasserstoff reduziert werden. Das Gas braucht nur in einem normalen Skrubber und Säge-mehlreiniger von Staub befreit zu werden. Die angeschlossene Maschine kann längere Zeit arbeiten, ohne daß irgendwelche Reini-gungsarbeiten an den Maschinenventilen notwendig werden. Ein weiterer Vorteil der Vernichtung der Teerdämpfe ist auch die fast gänzliche Geruchlosigkeit der den Skrubber verlassenden Reinigungs-wässer. In diesen Generatoren können solche Steinkohlen vergast werden, die nicht über 10% Asche enthalten, eine Körnung von etwa $40-70$ mm besitzen und bei der Erhitzung nicht stark backen. Es gibt einige Zechen in Schlesien, im Ruhr- und im Saargebiet, die hierfür geeignete Kohlen liefern. Das erzeugte Gas steht dem Hochofengas nahe und hat einen Heizwert von etwa 950 WE/cbm. Der Wirkungsgrad des Generators beträgt aber nicht mehr als höch-stens 70%.

Kohlengrus läßt sich ebenfalls vergasen, insbesondere solcher von Anthrazitkohlen des Ruhrreviers (Zeche Pörtingsiepen), Versuche damit sind auf meine Veranlassung ausgeführt und in Zahlentafel 26 mitgeteilt. Die Verwertung dieses Materials ist wirtschaftlich von Bedeutung, da 1000 kg nur 8 M. kosten.

Die mit den Generatoren erreichte Ausnutzung der Brennstoffe und der Heizwert des erzeugten Kraftgases sind von der Natur des Brennstoffes abhängig. Eine Übersicht gibt die Zahlentafel 25. Der Vorteil der billigeren Brennstoffe wird teilweise durch den geringeren Wirkungsgrad der Generatoren ausgeglichen.

An Stelle des Dampfkessels bei Dampfkraftanlagen treten bei Gaskraftanlagen der Generator und die Gasreinigungsapparate, an Stelle der Dampfmaschine die Gasmaschine.

Über die in Gaskraftanlagen erreichbare Ausnutzung des Brennstoffes gibt die Zahlentafel 27 Aufschluß, welche neuere diesbezügliche Versuche für verschiedene Maschinengrößen bei Be-trieb mit verschiedenen Brennstoffen enthält. Die Ergebnisse dieser Versuche sind in Fig. 31 veranschaulicht. Zu Brennstoffmessungen an Kraftgasanlagen ist zu bemerken, daß ihre genaue Durchführung schwierig ist, da der Wärmeinhalt des Generators vor und nach dem Versuch kaum genau feststellbar und daher auch nicht genau zur Übereinstimmung gebracht werden kann.

Zahlentafel 26. Versuchsergebnisse an einer 100 PS-Deutzer Feinanthrazit-Sauggasanlage.

	I	II
Versuch Nr.	I	II
Datum	23. Jan. 1908	24. Jan. 1908
Versuchsdauer . . . . Std.	7,4	8
Kompressionsenddruck in der Gasmaschine nach Diagramm . . . . Atm.	∿ 10,5	
Mittlere minutliche Umlaufzahl	191	190,3
Bremsleistung der Maschine . . . . PS_e	94,9	94,6
Indizierter mittlerer Druck . . . . kg/qcm	4,30	4,24
Indizierte Leistung . . . . PS_i	109,3	107,3
Mechanischer Wirkungsgrad . . . . v. H.	86,7 *)	88,0 *)
Brennstoff:		
Art: Feinanthrazit der Zeche Pörtingsiepen		
Heizwert des Feinanthrazites . . . . . . WE/kg	7300	
Heizwert des aus Schlacken ausgelesenen Materials (Rückstandes) . . . . WE/kg	5750	
Totaler Brennstoffaufwand vom 23. Januar morgens bis 25. Januar morgens . . . . kg	1072,1	
Asche und Schlacke während dieser Zeitdauer . kg	106,8	
dsgl. in v. H. des totalen Brennstoffaufwandes v. H.	10	
Anthrazitrückstand während dieser Zeitdauer . kg	199,3	
dsgl. in v. H. des totalen Brennstoffaufwandes v. H.	18,6	
Stdl. Brennstoffverbrauch während des Versuches kg/Std.	313,1	338
dsgl. für 1 PS_e . . . . g	445	446
dsgl. für 1 PS_i . . . . g	387	394
Stündlicher Wärmeverbrauch für 1 PS_e . . . . WE/Std.	3250	3260
dsgl. für 1 PS_i . . . . WE/Std.	2825	2875
Effektiver thermischer Wirkungsgrad der Anlage . . v. H.	19,5	19,4
Indizierter » » » » . . v. H.	22,4	22,0
Mittlere Kühlwasserabflußtemperatur f. Zylindermantel °C	62,3	65,8
dsgl. für Zylinderkopf . . . . °C	48,1	53,7
Mittlerer Unterdruck in mm Wassersäule		
Vor dem Generator . . . . mm H_2O	11,1	10
Vor dem Skrubber . . . . mm H_2O	36,2	41,5
Vor der Maschine . . . . mm H_2O	141,7	139
Mittl. Temp. des Gases bei Austritt aus dem Generator °C	303	250,6

*) Wirkungsgrade scheinbar zu hoch, doch vergl. hierzu: Z. d. V. d. I. 1908, Nr. 25, R. Schöttler, Leergangsversuche an Gasmaschinen. Die zur Indizierung benutzte Feder wurde auf dem Deutzer Probierstande geeicht; Ergebnis: 2,71 mm = 1 Atm.

Es ist möglich, die Brennstoffe in den Generatoren mit Wirkungsgraden von 80—88% auszunutzen. Der im Generator erzielte Nutzeffekt ist sowohl von der Art des Brennstoffes als auch von der Beanspruchung des Generators abhängig. Bemerkenswert bei Gaskraftanlagen ist der Umstand, daß der Größe der Maschinenanlage kein wesentlicher Einfluß auf die thermische Ausnutzung zukommt. Dies gilt in erster Linie für den Generator, aber auch in gewissem Maße für die Gasmaschine, da die Leistungen einer Zylinderseite beschränkt sind und größere Maschinenleistungen durch doppelt wirkende bzw. Mehrzylindermaschinen erzielt werden.

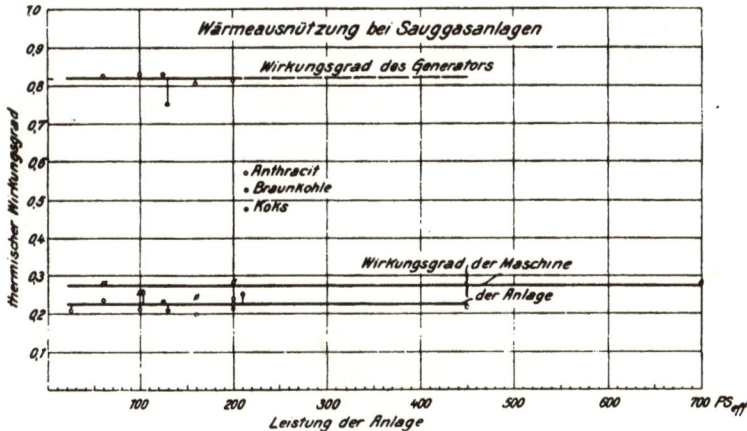

Fig. 31.

Der thermische Wirkungsgrad der Gasmaschine ist im allgemeinen fast unabhängig von der Leistung und beträgt bei den in Zahlentafel 27 mitgeteilten Versuchen ca. 28%, so daß sich ein (bei Versuchen) erreichbarer Gesamtwirkungsgrad (thermische Wärmeausnutzung des Brennstoffes) bei Sauggaskraftanlagen von etwa 23% ergibt.

Aus der Darstellung ergibt sich als wesentliches Kennzeichen der Sauggasanlagen, daß die Brennstoffausnutzung im großen und ganzen unabhängig von der Größe der Maschine ist, so daß also kleinere Anlagen mit annähernd demselben Nutzeffekt arbeiten wie größere. Diesem Vorteil der Sauggasanlagen gegenüber steht ihr ungünstiges Verhalten bei Belastungen, die unter

Zahlentafel 27.   Versuche an Sauggaskraftanlagen

Datum des Versuches	23. 10. 08	16. 3. 04	7. 6. 06	15. 3. 04	4. 3. 04	10. 7. 08
Ort der Untersuchung	Elektrizitätswerk Ebersberg	Brüssel	Probierstand der Gasmotor.-Fabr. Deutz	Probierstand der Gasmotor.-Fabr. Deutz	Probierstand der Gasmotor.-Fabr. Deutz	Elektrizitätswerk Offenbach
Leiter des Versuches	Bayer. Revisionsverein München	Ing. R. Mathot	Prof. Eug. Meyer	Prof. Aimé Witz	Prof. Eug. Meyer	Prof. Brauer u. Dr. Stauß
Art des Brennstoffes				[Anthrazit		
Erbauer des Generators	Güldner Motorengesellschaft	Gasmotor.-Fabr. Deutz	Gasmotor.-Fabr. Deutz	Gasmotor.-Fabr. Deutz	Gasmotor.-Fabr. Deutz	Güldner Motorengesellschaft
Erbauer der Gasmaschine . . .	Güldner Motorengesellschaft	Gasmotor.-Fabr. Deutz	Gasmotor.-Fabr. Deutz	Gasmotor.-Fabr. Deutz	Gasmotor.-Fabr. Deutz	Güldner Motorengesellschaft
Normalleistung der Gasmaschine PS	25	60	100	200	200	100
Normale Umlaufzahl der Gasmaschine . . . . Umdr./Min.	220	—	180	150	150	—
Zahl und Anordnung der Zylinder	einzyl. steh. einf. wirk.	einzylindr. einf. wirk.	einzylindr. einf. wirk.	einzylindr. dopp. wirk.	einzylindr. dopp. wirk.	einzyl. steh. einf. wirk.
Zylinderdurchmesser . . . mm	—	—	483	540	540	—
Zylinderhub . . . . . . mm	—	—	681	700	700	—
Normale Leistung einer Zylinderseite . . . . PS	25	60	100	100	100	100
Unt. Heizwert d. Brennstoff. WE/kg	7763	7577	7731	(8100) (ob. Heizw.)	7577	7680
Unt. Heizw. d. Generatorgas. WE/cbm	—	1310	1360	—	1401	—
Umlaufzahl b. Versuch Umdr./Min.	224	189	181,5	150	—	159
Bremsleistung . . . . . . PS	23,5	65,1	126	223	235	104
Erreichte Überlastung . . . PS	27,3	—	—	—	—	127
Erreichte Überlastung in v. H. der Normalleistung . . . . . v. H.	9	—	—	—	—	27
Stündl. Brennstoffverbrauch für 1 PS$_e$ . . . . kg/Std.	0,390	0,358	0,385	0,326	0,365	0,320
Stündl. Gasverbr. für 1 SP$_e$ cbm/Std.	—	(1,71)	1,816	—	1,60	—
Stündl. Wärmeverbrauch für 1 PS$_e$ in Kohle gem. WE/Std.	3030	2729	2975	(2640)	2760	2460
Stündl. Wärmeverbrauch für 1 PS$_e$ im Gase gem. WE/Std	—	(2240)	2470	—	2240	—
Wirkungsgrad der Anlage . . .	0,208	0,236	0,213	(0,239)	0,229	0,257
› des Generators . .	—	(0,825)	0,830	—	0,814	—
› der Maschine therm.	—	(0,282)	0,256	—	0,283	—
› › › mechan.	0,74	0,85	—	—	—	0,83
Stündl. Wasserverbrauch für 1 PS$_e$:						
Für Reiniger . . . . kg/Std.	} 29	—	6,5	6,4	(6,1)	} 19,8
› Dampferzeugung . ›		—	0,31	0,28	(0,65)	
› Motorkühlung . . ›		—	—	28,7	(28,1)	
Stündl. Ölverbrauch für 1 PS$_e$ g/Std.	—	—	0,29 F. Zylinderschmierung	—	—	< 3,0

(bei normaler Belastung der Gasmaschine).

3. u. 9. 6. 06	9. 2. 06	22.-23.9.08	21. 1. 06	16. 8. 06	19. 1. 06	9. 4. 07	12. 6. 07	14. 7. 10.
Probierstand der Gasmotor.-Fabr.Deutz	Th. Hildebrand & Sohn, Berlin	Pintsch, Berlin	Elektrizitätswerk Waldheim	Apolda	Elektrizitätswerk Waldheim	Lauchhammerwerk Riesa	Rüdiger & Sohn Mittweida	A.-G. Görlitz. Masch.-Anst. u. Eiseng.
Prof. Eug. Meyer	Prof. Josse	Ing. der Firma Pintsch	Ing. Pawlikowski	—	Ing. Pawlikowski	Ing. Fischinger	Ing. Bräuer	Schles.Ver. z. Überw. v. Dampfk.
Anthrazit		Koks			Braunkohle			Torf.
Gasmotor.-Fabr.Deutz	Gasmotor.-Fabr.Deutz	Jul. Pintsch	Gasmotor.-Fabr.Deutz	Masch.-Fab. Augsburg u. Nürnberg	Gasmotor.-Fabr.Deutz	Lauchhammerwerk nach Zeichnung von Deutz	Gasmotor.-Fabr.Deutz	Görlitzer M.-A.
Gasmotor.-Fabr.Deutz	Gasmotor.-Fabr.Deutz	Güldner Motorengesellschaft	Gasmotor.-Fabr.Deutz	Masch.-Fab. Augsburg u. Nürnberg	Gasmotor.-Fabr.Deutz	Masch.-Fab. Augsburg u. Nürnberg	Gasmotor.-Fabr.Deutz	Görlitzer M.-A.
160	450	250	130	200—220	130	700	200	250
160	165	150	170	170	170	130	—	150
einzylindr. einf. wirk.	einzylindr. dopp. wirk.	Zwilling steh. Anord.	einzylindr. einf. wirk.	Zwilling einf. wirk.	einzylindr. einf. wirk.	Tandem dopp.wirk.	—	einzylindr. dopp.wirk.
601	700	—	540	520	540	700	—	580
782	780	—	700	650	700	800	—	750
160	225	125	130	100—110	130	175	—	125
7727	7509	6766	6531	4685	4772	—	4611	2360
1283	—	1168	—	—	(930)	1130	1166	1028
158,5	171	140	—	—	—	—	—	154,6
193	431	238	132	205	137	647	186	183
—	—	312	—	220	—	745	—	—
—	—	25	—	10	—	6,5	—	—
0,412	0,400	0,403	0,462	0,536	0,633	—	0,644	1,16
2,00	—	1,925	—	—	(2,43)	1,99	—	—
3197	3004	2720	3020	2510	3020	—	2970	2740
2568	—	2250	—	—	(2260)	2250	—	—
0,198	0,2105	0,231	0,209	0,252	0,209	—	0,213	0,23
0,803	—	0,83	—	—	(0,75)	—	—	—
0,246	—	0,281	—	—	(0,280)	0,281	—	—
—	0,88	—	—	—	—	0,78	0,78	0,85
6,35	—	—	—	19	—	—	—	—
0,27	—	—	—	—	—	—	—	—
—	—	—	—	46	—	—	—	—
0,14	—	—	—	3,8	—	—	—	—
F. Zylinderschmierung								

der normalen liegen. In Zahlentafel 28 sind einige Versuche auf-
geführt und in Fig. 32 (obere Kurve) graphisch aufgetragen, aus

Zahlentafel 28.   Sauggaskraftanlagen.

(Wärmeausnutzung bei verschiedenen Belastungen.)

Anlage		Rüdiger & Sohn Mittweida		Brüssel, Vers. von Mathot		Th. Hildebrand & Sohn Berlin (Josse)	
Normalleistung	PS	200		60		450	
Effektive Leistung beim Versuch	PS	186	75	65,1	33,8	431	307
Effektive Leistung in v. H. der Normalleistung	%	93	37,5	108,5	56,4	96	68
Stündl. Brennstoffverbrauch insgesamt	kg/Std.	120	75	23,3	17,7	172	138
Stündl. Brennstoffverbrauch für 1 PSe	kg/Std.	0,644	1,00	0,358	0,525	0,400	0,450
Stündl. Wärmeverbrauch für 1 PSe	WE/Std.	2970	4610	2720	3990	3004	3380
Wirkungsgrad der Anlage		0,213	0,137	0,236	0,1585	0,2105	0,187

denen die rasche Zunahme des im Brennstoff gemessenen Wärmeverbrauches pro Nutzpferd bei kleineren Belastungen zu ersehen ist.

Die Generatorgas-
kraftanlagen verhalten
sich daher bei Be-
lastungen unter normal
sehr ungünstig. Während
bei diesen Versuchen und
bei normaler Belastung
der Wärmeverbrauch pro
Nutzpferd und Stunde,
im Brennstoff gemessen,
etwa 2600 WE beträgt,
müssen bei halber Be-
lastung das 1,5fache und
bei ¼ Belastung etwa das
Doppelte aufgewendet
werden. Dieses ungün-
stige Verhalten der Saug-
gasanlagen ist hauptsäch-
lich auf die Generatoren
zurückzuführen.

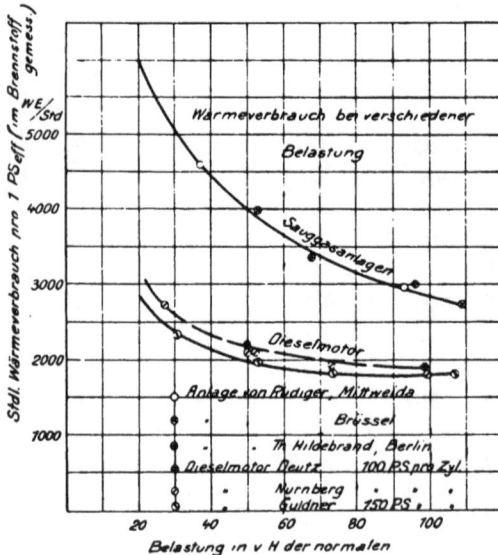

Fig. 32.

Es wird daher eine Gaskraftanlage bei Betriebsschwankungen
und insbesondere bei längerem Betrieb mit schwacher Belastung bei

weitem nicht die günstigen Ergebnisse erzielen, die sie im Dauer-
betrieb bei Normallast zu erreichen vermag. Bei elektrischen Betrieben
mit Kraftgasmaschinen ergibt sich ein Ausgleich durch Aufstellung einer Akkumulatorenbatterie und einer Zusatzmaschine,
indem man dann beim Arbeiten auf Netz, wobei die Maschine nicht
voll belastet sein würde, den Rest der Belastung auf die Batterie
nimmt und so Vollast und gute Ausnutzung der Anlage erzielt.
Allerdings ist zu berücksichtigen, daß die Energieverluste durch
die Batterien nicht unbeträchtlich sind, so daß auch hierdurch
wirtschaftlich nicht so günstig gearbeitet werden kann, als wenn
die Gasmaschine vollbelastet direkt auf das Netz arbeitet.

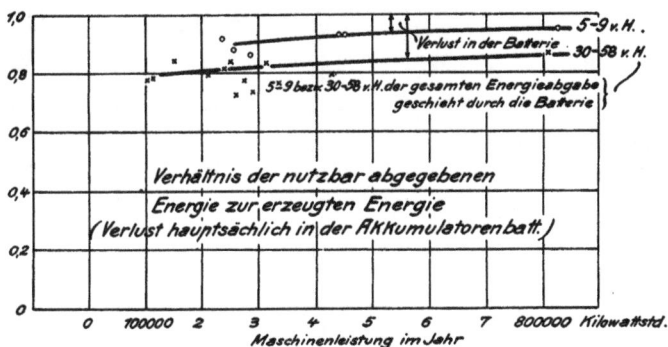

Fig. 33. Energieverlust in einer Akkumulatorenbatterie.

Auf Grund von Aufschreibungen verschiedener Elektrizitätswerke mit Batteriebetrieb ist in Fig. 33 das Verhältnis der an das Netz
nutzbar abgegebenen Energie zur erzeugten Energie für verschiedene
Jahresleistungen und verschiedene Batterieinanspruchnahme dargestellt. Wenn z. B. 5—9% der gesamten Energieabgabe durch die
Batterie erfolgt, so beträgt dieser Wirkungsgrad der Energieerzeugung
90—95%, wenn 30—58% der gesamten Energie von der Batterie
abgegeben werden, so sinkt er auf 80—85%.

Eine weitere Erhöhung des Brennstoffverbrauches bei Sauggas-
betrieben tritt ein durch den Brennstoffverbrauch beim Anblasen des
Generators, d. h. beim Inbetriebsetzen der Anlage und während des
Stillstandes des Generators, da dieser während der Ruhepausen
gewissermaßen als Dauerbrandofen im Betrieb bleibt. Ebenso findet
beim Abstellen des Motors noch ein geringer Brennstoffverbrauch
statt, da die Gaserzeugung noch nicht gleich aussetzt.

Versuche über den Abbrand in der Ruhe sind in Zahlentafel 29 mitgeteilt und ergeben einen Verbrauch von 2,2 bezw. 3,3% der gesamten im Betrieb zugeführten Brennstoffmenge. Dabei betrug die tägliche Betriebszeit 10 Stunden und die Ruhezeit 14 Stunden.

Zahlentafel 29. Gaskraftanlagen. Versuche über Abbrand im Stillstand.

Normale Leistung des Motors . . . PS	200	200
Datum des Versuches	4.—5. III. 1904	14.—15. III. 1904
Leiter des Versuches	Prof· Eug. Meyer	Prof. Aimé Witz
Dauer des Versuches . . . . . Std.	24	24
Betriebszeit	10 Std. 31 Min.	10 Std.
Ruhezeit	13 Std. 29 Min.	14 Std.
Mittlere Leistung . . . . PS	230	223
Brennstoffmenge insgesamt verbraucht kg	860	751
Brennstoffmenge während Betriebs-zeit verbraucht . . . . kg	841	727
Brennstoffmenge während Ruhepause verbraucht . . . . kg	19	24
Abbrand in v. H. der ges. Brennstoff-menge . . . . v. H.	2,2	3,3

Bei Versuchen lassen sich diese Abbrandverluste durch sorfältige Einstellung der Luftzuführung im Generator verhältnismäßig niedrig halten. Im Betrieb kann aber durch Unachtsamkeit in der Einstellung der Luftzuführung zum Generator der Abbrandverlust wesentlich höher ausfallen. Dies ist naturgemäß auch der Fall, wenn die tägliche Betriebszeit gegenüber der Ruhezeit sich verringert.

Bei intermittierendem Betrieb treten die Anblasverluste mehrfach auf, so daß bei ungünstigen Betriebsverhältnissen tatsächliche Verbrauchszahlen erzielt werden, die wesentlich die auf Grund von Versuchen ermittelten Zahlen überschreiten.

Anderseits ist die Wärmeausnutzung einer Gaskraftanlage im Betrieb weniger von der Geschicklichkeit des Bedienungspersonals abhängig, wie beispielsweise der Dampfkesselbetrieb. Bei schwankenden Betrieben ist allerdings an der Gasmaschine ein Nachregulieren der Verbrennungsluft von Einfluß auf die Wärmeausnutzung. Immerhin kann man behaupten, daß bei Sauggasanlagen die Wirtschaftlichkeit in geringerem Maße von der Geschicklichkeit des Bedienungs-

personals abhängig ist als bei Dampfkraftanlagen, und daß an die
Intelligenz des Personals geringere Anforderungen zu stellen sind
als bei Dieselmaschinenbetrieben.

Eine Überlastungsfähigkeit der Gasmaschinen ist bis zu einem
gewissen Grade möglich, erreicht jedoch bei weitem nicht die Größe,
welche man bei der Dampfmaschine als großen Vorteil empfindet.
Es liegt dies nicht an den Generatoren, sondern an den Gasmaschinen. Güldner-Sauggasmaschinen, die sich überhaupt durch
hohen mittleren Druck auszeichnen, erreichen eine Überlastung von
ca. 30% und dabei mittlere Drücke bis 8,5 kg/qcm. Im allgemeinen
kann man bei Gasmaschinen mit einer Überlastungsfähigkeit von
etwa 10% rechnen. Durch Steigerung der Generatortemperatur und
die damit verbundene Erhöhung des Heizwertes des Kraftgases und
durch Veränderung der Zündung lassen sich zeitweilig ebenfalls Über-
lastungen erzielen, die aber einer gewissen Vorbereitung bedürfen
und daher für den Betrieb meistens keinen Wert haben.

Bei Sauggasanlagen ist mit Kühlwasserverbrauch für
Dampferzeugung, Skrubber und Motorkühlung zu rechnen, der zusammen etwa 30—50 l für die Nutzpferdekraft und Stunde beträgt.

Die Gasmaschinen erfordern in gewissen Zeitabständen regel-
mäßige Unterhaltungsarbeiten. Die Einlaßventile, die Auslaß-
ventile und die Kolben müssen gereinigt und zu diesem Zweck ausgebaut werden. Die Zeiträume, in welchen diese Reinigungsarbeiten
vorzunehmen, sind im wesentlichen abhängig von der Beschaffenheit
des Gases bzw. von der Art des Brennstoffes und der Vollkommenheit
der Reinigung. Großgasmaschinen, die in erster Linie mit Hochofengas, seltener mit Koksofengas betrieben werden, müssen ebenfalls nach größeren Betriebszeiten gereinigt werden; die Ver-
schmutzung rührt dabei weniger von Teer als von Staub her.
Einfache, leicht demontierbare Bauart ist daher von großen Vorteil
(s. Fig. 83). Bei guter Gasreinigung und kesselsteinfreiem Kühlwasser beschränken sich die Stillstände heute auf wenige % der
gesamten möglichen jährlichen Betriebszeit. Enthält das Gas viel
teerige und staubige Bestandteile oder schweflige Säure sowie Schwefelwasserstoff, dann ist die Reinigung häufiger nötig. Es ist daher für
Sauggasbetrieb solcher Brennstoff vorzuziehen, welcher möglichst
wenig Teer gibt, besonders vorteilhaft in dieser Beziehung sind der
englische Anthrazit und Koks. Auch der Gehalt des Gases an
schwefliger Säure und Schwefelwasserstoff ist für die Verschmel-
zung der Gasmaschine von Bedeutung. Es lassen sich allgemeine

Angaben über die Zeit, nach welcher ein Ausbau der Misch- und Einlaßventile und der Kolben notwendig ist, nicht machen, da diese Arbeiten von der Art des Gases, d. h. von der Beschaffenheit des verwendeten Brennstoffes abhängig sind. Es gibt Anlagen, bei denen die Ventile alle paar Wochen gereinigt werden müssen und der Kolben alle 1—2 Monate, es gibt aber auch Gaskraftanlagen mit Anthrazitfeuerung, die bei täglich 12 stündiger Betriebszeit ununterbrochen 7 Monate gearbeitet haben. Es handelt sich hier beispielsweise um eine doppeltwirkende Deutzer Maschine von 400 PS für Fabrikbetrieb, über welche mir genaue Betriebsaufzeichnungen zur Verfügung stehen. Bei dieser Maschine wurde während eines Jahres zweimal der Betrieb zwecks größerer Reinigung unterbrochen. Der Kolben wurde nach 7 monatlichem Betrieb ausgebaut und gereinigt. Derselbe zeigte sehr wenig Rückstände, und die Kolbenringe waren in ihren Nuten gut und leicht beweglich. Die Einströmventilkegel mußten erneuert werden, da sich die Führungsspindeln wie auch die Führungsbüchsen zu stark abgeschliffen hatten. Durch diese zweimal in einem Jahr vorgenommenen Reinigungsarbeiten war die Maschine je einen Tag außer Betrieb gesetzt worden. Außerdem wurden ohne Unterbrechung des Betriebes die Mischventile einigemal gereinigt und die Einströmventile einmal nachgeschliffen, ferner die Ausströmventilsitzgehäuse durch neue Kupferringe gegen den Zylinder abgedichtet.

Ich habe dieses Beispiel einer dauernd im Fabrikbetriebe befindlichen Sauggasmaschine mit Anthrazitfeuerung herangezogen, weil es beweist, daß man tatsächlich in der Lage ist, bei richtiger Wahl des Brennstoffes einen durchaus sicheren und einwandfreien Betrieb mit Sauggaskraftanlagen zu erzielen.

Bei Braunkohlengas dürfte die erreichte Betriebssicherheit die gleiche sein, dagegen tritt in verstärktem Maße der Übelstand auf, daß sich die Gase durch ihren Geruch unangenehm bemerkbar machen; dies ist namentlich der Fall, wenn der Abschluß des Generators nicht sorgfältig durchgebildet ist. Es können auch Belästigungen beim Anblasen und Stillsetzen der Sauggasanlage infolge des Ausströmens von Gasen entstehen. Dies wird in neuerer Zeit dadurch vollkommen behoben, daß das überschüssige Gas beim Anblasen und beim Abstellen verbrannt wird.

Mustergültig in dieser Beziehung ist die von der Firma Julius Pintsch ausgeführte Braunkohlengasgeneratoranlage des neuen Elektrizitätswerkes Fürstenwalde (s. Seite 136).

Wichtig bei den Sauggasanlagen ist noch die Abführung des übelriechenden Skrubberwassers. Manche Stadtverwaltungen weigern sich, das Skrubberwasser in die Kanalisation aufzunehmen, die meisten verlangen zum mindesten eine vorherige Reinigung desselben. Das Skrubberwasser wirkt lästig durch seinen Geruch und nachteilig durch die Möglichkeit, infolge seines $H_2 SO_4$-Gehaltes die Eisenröhren anzufressen. Die Anforderungen der Behörde in bezug auf die Reinigung des Skrubberwassers werden in der Regel durch Zusatz von Eisenvitriol befriedigt. Bei einigen Anlagen hat sich folgende Reinigung gut bewährt. Durch das auf etwa 40^0 erwärmte Skrubberwasser wird mittels eines Ventilators Luft durchgeblasen, die die übelriechenden Stoffe mit sich fortführt bzw. oxydiert. Die Luft wird durch ein Rohr über Dach abgeführt, während das geruchlos gemachte Skrubberwasser nach der Durchlüftung unbedenklich in die Kanalisation entlassen werden kann. Die Güldnermotoren·gesellschaft führt eine ähnliche Anordnung aus; sie läßt die Ansaugluft des Generators zunächst über das Skrubberwasser streichen und führt sie dann dem Generator zu, so daß hier die übelriechenden Dünste durch Verbrennung beseitigt werden.

Bei Sauggaskraftanlagen, bei welchen außer der Krafterzeugung noch die Heizung eines Gebäudes zu erfolgen hat, müssen besondere Heizkessel aufgestellt werden. Vereinzelt hat man schon versucht, die Abwärme der Gas- und Dieselmaschinenabgase durch Einbau von gußeisernen Apparaten zur Warmwasserbereitung etc. auszunutzen. (Deutz, Gebr. Sulzer.)

C. Dieselmaschinen.

Während die Gasmaschinenanlagen in ihrem Aufbau mit Dampfkraftanlagen insofern gleichartig sind, als die Gaserzeugungsanlage der Dampferzeugungsanlage und die Gasmaschine der Dampfmaschine entspricht, wobei allerdings bei Gasmaschinenbetrieb die Kondensation wegfällt, dafür aber die Gasreinigungsapparate aufzustellen sind, ergeben die mit flüssigen Brennstoffen arbeitenden Verbrennungskraftmaschinen eine wesentlich einfachere Kraftanlage, indem der flüssige Brennstoff ohne weitere Umsetzung sofort in der Kraftmaschine zu verbrennen ist. Es ist ein wesentlicher Vorteil der Flüssigkeitsmotoren, daß die mechanische Arbeit lediglich durch eine Kraftmaschine ohne weitere Hilfsapparate erzeugt werden kann. Daraus ergibt sich auch ein von anderen Wärmekraftmaschinen nicht erreichter geringer Raumbedarf dieser Motoren und ein einfacher reinlicher Betrieb.

Zahlentafel 30.　Wärmeausnutzung

Diesel-

	Verein. Masch.-Fabr. Augsburg u. Nürnberg			Gasmotorenfabrik Deutz		
Erbauer der Maschine	Verein. Masch.-Fabr. Augsburg u.Nürnberg			Gasmotorenfabrik Deutz		
Anordnung der Zylinder	Einzylinder			Zwilling		
Normale Leistung . . . . . PS	35			100		
Datum des Versuches	24 I. 06	24. I. 06	24. I. 06	21.II. 08	21.II. 08·	21.II. 08
Leiter des Versuches	Obering. Eberle			Professor Josse		
Umlaufzahl beim Versuch Umdr./Min.	193,3	191,4	189,9	179,8	179,7	183,8
Elektrische Leistung . . . . KW	12,60	22,05	26,80	—	—	—
Wirkungsgrad der Dynamo . . v. H.	87	90	90,5	—	—	—
Effektive Leistung . . . . . PS	20,4	34,0	40,9	98,7	98,7	50,7
Effektive Leistung in v. H. der normalen . . . . v. H.	58,3	97,1	117	98,7	98,7	50,7
Indizierte Leistung der Arbeits- Zylinder . . . . PS	31,8	44,3	50,3	—	—	—
Arbeitsbedarf für Luftpumpe . PS	0,68	1,07	1,13	—	—	—
Art des Brennstoffes	Gasöl			Gasöl		
Unterer Heizwert des Brennstoffes WE/kg	9815			10 050		
Stündlicher Brennstoffverbrauch für 1 KW . . . . g/Std.	360	305	305	—	—	—
Stündlicher Brennstoffverbrauch für 1 PS$_e$ . . . . g/Std	222,7	197,6	199,4[1)	190,7	190,0	220,1
Stündlicher Brennstoffverbrauch für 1 PS$_1$ . . . . g/Std.	142,9	151,7	162,1	—	—	--
Stündlicher Wärmeverbrauch für 1 PS$_e$ . . . . WE/Std.	2186	1939	1957	1916	1910	2212
Thermischer Wirkungsgrad, bezogen auf effektive Leistung . . v. H.	28,9	32,5	32,3	33,2	33,3	28,8
Stündlicher Kühlwasserverbrauch für 1 PS$_e$ . . . . kg/Std.	8,7	8,6	6,7	12,0		—
Kühlwassertemperatur Eintritt °C .						
Kühlwassertemperatur Austritt °C .						

¹) Effektive Leistung aus der elektrischen berechnet.

auf Grund von Versuchen.

maschinen.

Vereinigte Maschinenfabriken Augsburg und Nürnberg						Güldner Motorengesellschaft (Überlandzentrale Wirsitz)					
Zwilling						Zwilling					
200						300					
8. XI. 05	7. XI. 05	8. XI. 05	7. XI. 05	7. XI. 05	8. XI. 05	10.XII. 10	10.XII. 10	10.XII. 10	10.XII. 10	10.XII. 10	10.XII. 10
Oberingenieur Eberle						Professor Josse					
163,5	162,9	162,7	162,0	160,2	159,7	150,4	150,9	150,6	152,0	151,1	150,2
34,4	67,2	68,0	98,0	132,4	153,2	—	51,9	100,1	145,1	197,4	216,2
85,5	90,5	90,5	91	91	91	—	77,3	86,0	88,3	90,8	91,7
54,6	100,9	102,2	146,3	197,9	237,9	11,24	91,2	158,1	220,8	295,3	321,2
27,3	50,4	51,2	73,2	99,0	119	3,7	30,4	52,7	73,5	98,5	107
109,6	154,8	159,3	205,2	261,2	298,4	83,7	172,9	240,6	309,7	390,4	4?3,2
—	—	—	—	13,6	—	15,6	15,3	15,1	19,9	22,0	24,2
Hallenser Gasöl						Galizisches Röhöl					
9810						9800					
440	327	322	294	282	299	—	419	319	282	281	273
277,2	217,6	213,5	196,9	188,6	192,6[1])	—	238,6	202,0	185,7	187,3	183,8
138,1	141,8	137,0	140,4	142,9	153,5	143,9	125,9	132,7	132,7	141,9	139,4
2719	2135	2094	1932	1850	1889	—	2340	1980	1820	1840	1800
23,2	29,6	30,2	32,7	34,2	33,4	—	27,0	31,9	34,75	34,4	35,2
—	—	—	—	—	—	—	—	—	—	10,3	9,4
							8	8	8	8	8
							62	71	75	75	79

Es fallen daher bei den mit flüssigen Brennstoffen arbeitenden Motoren auch die Verluste durch Umwandlung der Brennstoffwärme in Dampf· bzw. Gasenergie fort. Die Anlagen arbeiten infolgedessen mit hohem thermischen Nutzeffekt, ein Vorteil, der allerdings in seiner wirtschaftlichen Tragweite bei uns durch die höheren Preise des flüssigen Brennstoffes zum Teil ausgeglichen wird.

Die vollkommensten Verbrennungskraftmaschinen für flüssige Brennstoffe sind die Dieselmaschinen. Die mit neueren Dieselmotoren erzielte Brennstoffausnutzung von 33—35 % ist in Zahlentafel 30 näher angegeben und in Fig. 34 oben dargestellt.

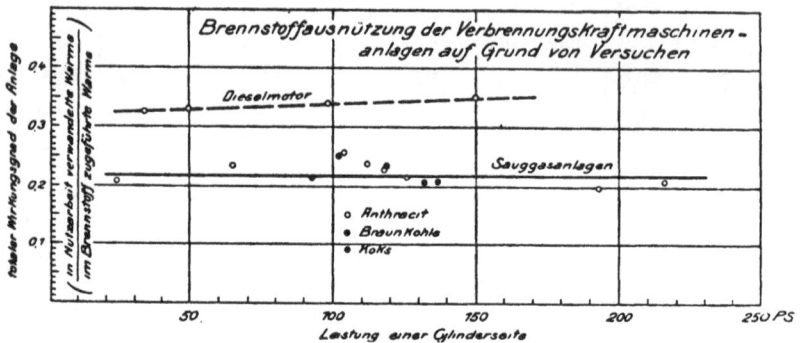

Fig. 34.

Die Dieselmaschinen verarbeiten Petroleum, galizisches Rohöl, Gasöl oder Braunkohlenteeröl (s. Zahlentafel 2).

Zum Vergleich sind in Fig. 34 unten auch die entsprechenden Werte der Brennstoffausnutzung von Sauggasanlagen eingetragen, die mit ca. 23 v. H. wesentlich hinter denen der Dieselmotoren zurückbleiben. Das Verhalten der Dieselmotoren in bezug auf die Wärmeausnutzung bei Belastungen unter normal ist ebenfalls wesentlich günstiger wie bei Sauggasanlagen, wie sich aus der Darstellung Fig. 32 unten ergibt. Während bei Vollast der stündliche Wärmeverbrauch pro Nutzpferd in Dieselmaschinen etwa 1800 WE beträgt, steigt er bei halber Last auf 2200, und erst von da ab findet ein rascheres Ansteigen statt, indem er bei $1/4$ Last ca. 2700 WE beträgt.

Auch in bezug auf das Verhalten des Dieselmotors bei Stillstand und beim Anlassen zeigt sich seine Überlegenheit. Der Dieselmotor ist sofort betriebsbereit, er erfordert weder Brennstoffverbrauch beim Anlassen noch in der Ruhe. Die Dieselmotoren eignen sich daher ganz besonders für intermittierende Betriebe und für solche mit stark wechselnder Belastung, also Lichtbetriebe.

Es ist noch ein anderer Grund, der die in den letzten Jahren hervorgetretene Bevorzugung der Dieselmaschine erklärt, das ist der Umstand, daß die erreichte Wärmeausnutzung von der Art der Betriebsführung fast ganz unabhängig ist. Wenn die Zerstäubung bzw. die Brennstoffventile in Ordnung gehalten werden, dann wird beim Dieselmotor auch im praktischen Betrieb der bei Versuchen erreichte Brennstoffverbrauch erzielt.

Die Bedienung des Dieselmotors beschränkt sich auf das Herausnehmen und Reinigen bzw. Auswechseln des Brennstoffventils und auf das gelegentliche Reinigen des Auslaßventils und eventuell der Ventile des Kompressors. Es genügt, wenn letztere Arbeiten alle 2—3 Monate ausgeführt werden.

Im allgemeinen sind die Unterhaltungsarbeiten an der Dieselmaschine sehr gering, allerdings erfordert aber der Motor wegen der hohen Drücke etc. größere Sachkenntnis beim Zusammenbau, wenn einmal Demontagen erforderlich werden. Seine sachgemäße Unterhaltung stellt daher größere Anforderungen an die Intelligenz des Bedienungspersonals. Die Dieselmaschine, die heute stehend und liegend ausgeführt wird, ist eine sehr betriebssichere Maschine, wenn sie sorgfältig und sachgemäß gebaut ist, sie stellt daher auch hohe Anforderungen an die Fabrikation.

In neuerer Zeit sind neben dem Dieselmotor verschiedene, fast genau nach demselben Verfahren arbeitende Gleichdruckölmaschinen aufgetreten, beispielsweise der Güldnermotor und der Lietzenmayermotor, welch letzterer horizontal gebaut wird und in der Art der Brennstoffeinführung etwas abweicht. Ein anderer ähnlicher Motor ist der Trinklermotor von Gebr. Körting, der neuerdings ganz nach dem Dieselverfahren arbeitet. Die Ventile der neueren horizontalen Körtingrohölmotoren werden mit horizontaler Achse angeordnet, und der Brennstoff wird zentral eingeführt.

Nachdem neuerdings einige Hauptpatente für das Dieselverfahren abgelaufen sind, ist der Bau von Dieselmotoren von einer großen Zahl von Firmen aufgenommen worden. Die neueren Bestrebungen zielen hauptsächlich darauf hin, das Gewicht und die Herstellungskosten zu verringern. Für gewisse Sonderzwecke, Schiffsbetrieb z. B., sind bereits schnelllaufende, verhältnismäßig leichte Dieselmaschinen von bedeutenden Leistungen durchgebildet worden, die meist nach dem Zweitaktverfahren arbeiten. Es ist zu erwarten, daß die Großdieselmaschinen in absehbarer Zeit auch für Landbetriebe Verwendung finden werden. Der Anfang ist damit schon gemacht (s. S. 148).

D. Kleinere Motoren für flüssige Brennstoffe.
(Benzin- etc. Motoren.)

Während bis vor kurzem der Dieselmotor als eigentlicher Kleinmotor nicht ausgeführt wurde (die kleinste Type leistete etwa 20 PS), tritt er neuerdings in Wettbewerb mit den üblichen Flüssig-

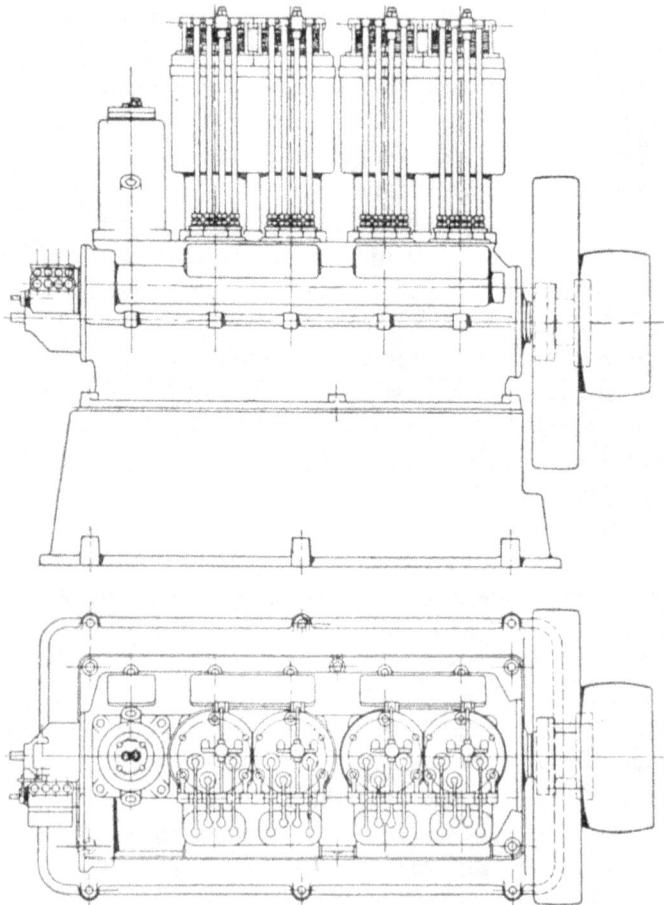

Fig. 35 und 36.   Dieselkleinmotor.

keits-Kleinmaschinen. Es ist von der Firma Diesel & Co. ein Typus ausgebildet worden, der etwa 5 PS. pro Zylinder leistet. Die Maschine ähnelt in ihrem Aufbau den Benzinmaschinen, sie wird mit etwa 600 minutlichen Umdrehungen betrieben und ist daher verhältnismäßig leicht und, wie die spätere Fig. 59 zeigt, auch nicht so teuer, daß sie nicht konkurrenzfähig wäre. Fig. 35 und 36 lassen den

Aufbau eines derartigen vierzylindrigen Motors erkennen. Der Motor ist auch schon praktisch ausprobiert worden, und es enthält Zahlentafel 31 Versuchsergebnisse an einem einzylindrigen Motor. Die

Zahlentafel 31.

Dieselkleinmotor.

Erbauer	Diesel & Co. G. m. b. H.					
Brennstoff	Galizisches Rohöl (Heizwert 9850 WE/kg)					
Normale Leistung der Maschine PS	—	—	5	—	—	—
Normale Umlaufzahl . . Umdr./Min.	641	634	620	610	602	604
Effektive Leistung beim Versuch PS	—	1,34	2,61	3,83	4,74	5,58
» » in v. H. der norm. v. H.	—	27	52	76,5	95	112
Stdl. Brennstoffverbrauch inges. kg/Std.	0,530	0,663	0,831	1,020	1,177	1,545
» » für 1 PS₊ »	—	0,495	0,319	0,266	0,248	0,277
» » » 1 PSₗ »	(0,152)	(0,134)	(0,135)	(0,141)	(0,144)	(0,160)
Thermischer Wirkungsgrad (bezog. auf ind. Leistung)	(0,424)	(0,480)	(0,482)	(0,460)	(0,448)	(0,405)
Mechanischer Wirkungsgrad[1] . . .	—	(0,271)	(0,421)	(0,530)	(0,578)	(0,578)
Thermischer » (bezogen auf effekt. Leistung)	—	0,13	0,203	0,242	0,259	0,234
Stdl. Wärmeverbrauch für 1 PS₊ WE/Std.	—	4880	3150	2620	2450	2730

[1] Einschließlich Arbeitsbedarf für Kompressor.

Versuche fanden im Maschinenbaulaboratorium der Technischen Hochschule Charlottenburg statt, und es ist ausführlich darüber berichtet worden.[1]

Die Verbrauchszahlen für die indizierte Leistung sind außerordentlich günstig. Dagegen hat der Motor einen sehr schlechten mechanischen Wirkungsgrad, zu dem der verhältnismäßig hohe Kraftverbrauch des Verbundluftkompressors wesentlich beiträgt. Trotzdem ist der Brennstoffverbrauch für die effektive Pferdestärke erheblich niedriger als bei anderen Flüssigkeitsmotoren, die mit Vergasung und als Verpuffungsmaschinen arbeiten (vgl. Figur 37). Infolge des schlechten mechanischen Wirkungsgrades nimmt auch der spezifische Brennstoffverbrauch mit abnehmender Belastung schnell zu (siehe Fig. 38). Der Fortfall des Vergasers und der Zündung sind bedeutende Vorteile des Dieselkleinmotors gegenüber

[1] S. Zeitschr. d. Ver. deutscher Ing. 1910, Seite 1897.

den anderen Kleinmotoren. Den Verpuffungsschwerölmaschinen (Glühkopfölmaschinen) (Swidersky, Bolinder) gegenüber weist er eine bessere Verbrennung auf. Der Dieselkleinmotor ist noch entwicklungsfähig und kommt auch als Automobilmotor in Betracht.

Für kleine Leistungen werden weiter Verbrennungsmaschinen ausgeführt, welche mit Petroleum, Benzin, Benzol, Spiritus, Naphthalin etc. betrieben werden können und für die immerhin ein erheblicher Bedarf im gewerblichen Leben vorhanden ist (Automobile, Lastboote, Motorboote etc.). Es soll daher kurz auf diese Motoren eingegangen werden.

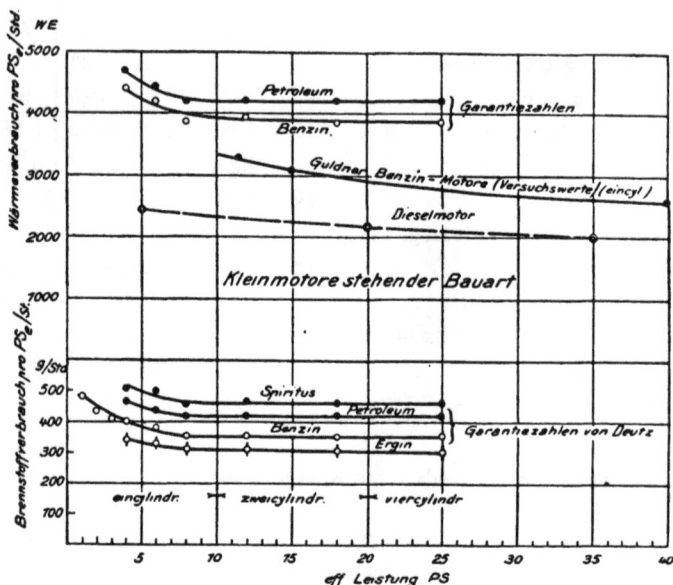

Fig. 37. Brennstoff- und Wärmeverbrauch von Kleinmotoren.

Die Maschinen arbeiten nach Art der Gasmaschinen, wobei der flüssige Brennstoff durch einen Vergaser fein verteilt und als Nebel zerstäubt mit der Luft angesaugt wird. Die Bauart dieser Motore entspricht daher derjenigen der Gasmaschinen. Ergebnisse von Verbrauchsmessungen für diese kleineren Flüssigkeitsmotore sind in Zahlentafel 32 angegeben.

In Fig. 37 sind die Brennstoff- und Wärmeverbrauche kleiner Flüssigkeitsmotore verschiedener Leistung bis zu 40 PS und für mehrere Brennstoffe veranschaulicht.

Die von den Kleinmaschinen erzielten Wärmeverbrauche sind unter Umständen durchaus nicht ungünstig, man vergleiche z.B. einen Güldner-

Zahlentafel 32. Verbrauchsmessungen an kleineren Maschinen für flüssige Brennstoffe.

	Güldnermotoren-Gesellschaft — Benzin												Gasmotorenfabrik Deutz[1] — Naphthalin				
Normale Leistung der Maschine . . PS	40				15					10			7				
Normale Umlaufzahl Umdr./Min.	—				450					250			340				
Effektive Leistung beim Versuch PS	39,7	31	20,8	10,8	15,1	11,45	7,85	3,95	0	10,8	7,35	3,85	3,85	4,75	5,66	6,62	8,03
Effektive Leistung beim Versuch in v.H. der normalen Leistung v.H.	99	77	52	27	100,5	76	52	26	0	108	73,5	38,5	55	68	81	95	115
Stündl. Brennstoffverbrauch f. 1 PS_e kg/Std.	0,248	0,262	0,367	0,529	0,280	0,302	0,379	0,573	—	0,294	0,368	0,622	0,360	0,339	0,309	0,289	0,304
Stündl. Brennstoffverbrauch f. 1 PS_i kg/Std	0,1935	0,202	0,251	0,267	0,209	0,236	0,271	0,312	0,341	0,222	0,234	0,259	—	—	—	—	—
Indiz. therm. Wirkungsgrad	0,311	0,289	0,239	0,226	0,275	0,243	0,212	0,184	0,168	0,259	0,246	0,222	—	—	—	—	—
Mechan. Wirkungsgrad	0,78	0,77	0,685	0,505	0,795	0,78	0,715	0,535	0	0,76	0,635	0,415	—	—	—	—	—
Effekt. therm. Wirkungsgrad	0,243	0,230	0,164	0,114	0,205	0,1905	0,1515	0,100	0	0,196	0,156	0,092	0,183	0,194	0,213	0,227	0,217
Stündl. Wärmeverbrauch für 1 PS_e WE/Std.	2600	2750	3850	5550	3080	3320	4170	6300	—	3230	4050	6850	3460	3260	2970	2780	2920
Stündl. Wärmeverbrauch für 1 PS_i WE/Std.	2030	2120	2640	2800	2300	2600	2980	3430	3750	2440	2570	2850	—	—	—	—	—

[1]) Die Versuche sind unter Leitung des Verfassers mit Rücksicht auf diese Studie ausgeführt.

Benzinmotor, der nach Fig. 37 bei 20 PS mit einem Wärmeverbrauch
von 2900 WE pro Nutzpferdstunde arbeitet mit einem Dieselmotor von
20 PS, der etwa 2200 WE verbraucht, dafür aber in der Anschaffung
wesentlich teurer ist. Bei den gewöhnlichen Petroleum-, Benzin-etc.-Maschinen ergibt sich eine Abnahme des spezifischen Brennstoff- und Wärmeverbrauchs bis etwa zu 10 PS, von da ab ist die Leistung ohne Einfluß auf den spezifischen Verbrauch; der Güldner-Benzinmotor weicht allerdings etwas davon ab, da hier eine dauernde Abnahme des Verbrauches mit Zunahme der Leistung zu verzeichnen ist.

Das Verhalten der Kleinmaschinen in bezug auf den Wärme- bezw. Mehrverbrauch bei Belastungen unter normal ergibt sich aus der Darstellung Fig. 38. Der Verlauf der Wärmeverbrauchskurven ist ungefähr der gleiche wie bei Sauggasmaschinen und nahezu unabhängig von der Größe der Maschine (s. Fig. 38 oben).

Die Kleinmotore für flüssige Brennstoffe verhalten sich daher ungünstig bei schwachen Belastungen. Z. B. ergibt sich bei einer solchen von 50% (s. Fig. 38) ein spezifischer Mehrverbrauch gegenüber der normalen Belastung von 40%, und bei ¼ Belastung erreicht der Mehrverbrauch bereits das Doppelte desjenigen bei normaler Belastung. Die Ursache ist bei diesen Maschinen, außer in den verhältnismäßig hohen Verlusten durch die mechanische Reibung, in dem Regelverfahren und der bei kleiner Leistung langsamen Verbrennung zu suchen.

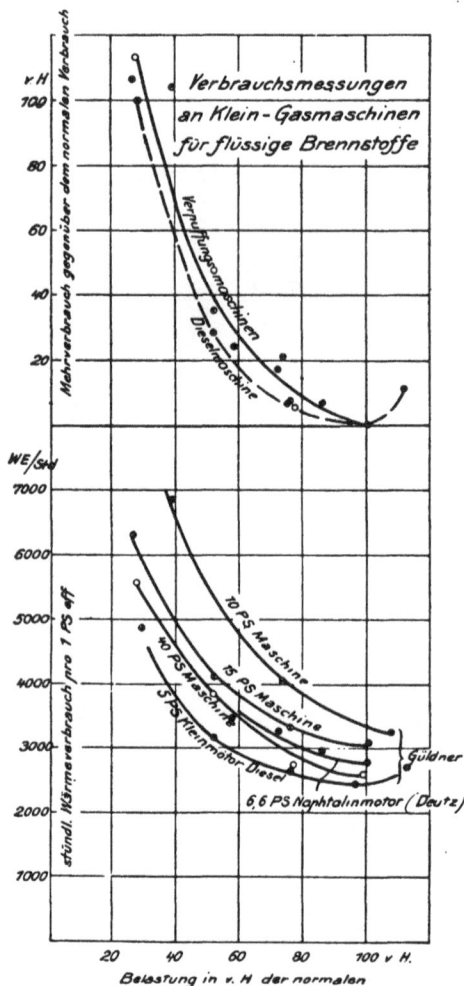

Eine eigenartige Ausführung der Maschinen dieser Art ist der Naphthalinmotor der Gasmotorenfabrik Deutz, der das für gewöhnlich feste Naphthalin verarbeitet, indem er es zunächst durch Erwärmung verflüssigt und es mittels Vergaser zerstäubt. Die Verflüssigung des Naphthalins geschieht in einem besonderen Behälter durch das verdampfende Kühlwasser des Arbeitszylinders. Das Naphthalin schmilzt bei ca. 80⁰ und kann in der Maschine wie flüssiger Brennstoff verwendet werden. Ein solcher Motor ist in Fig. 39 dargestellt.

Fig. 39.

E. Vergleich der erreichbaren Wärmeausnutzung der Dampfkraftmaschinen, Sauggaskraftmaschinen und Dieselmaschinen.

Nachdem die durch die drei Hauptsysteme der Wärmekraftmaschinen, die Dampfmaschine (Kolbenmaschine und Turbine), die Sauggaskraftmaschine und die Dieselmaschine erzielbare Wärmeausnutzung der Brennstoffe im einzelnen besprochen worden ist, ist es des Vergleiches wegen zweckmäßig, diese Maschinenarten nochmals im Zusammenhang zu beurteilen. Zunächst ergeben sich aus den Fig. 40 bis 42 für diese drei Wärmekraftmaschinen die bei der Umsetzung des Brennstoffes in mechanische Arbeit auftretenden Einzelverluste, und zwar in bezug auf steigende Leistung der Kraftmaschinen.

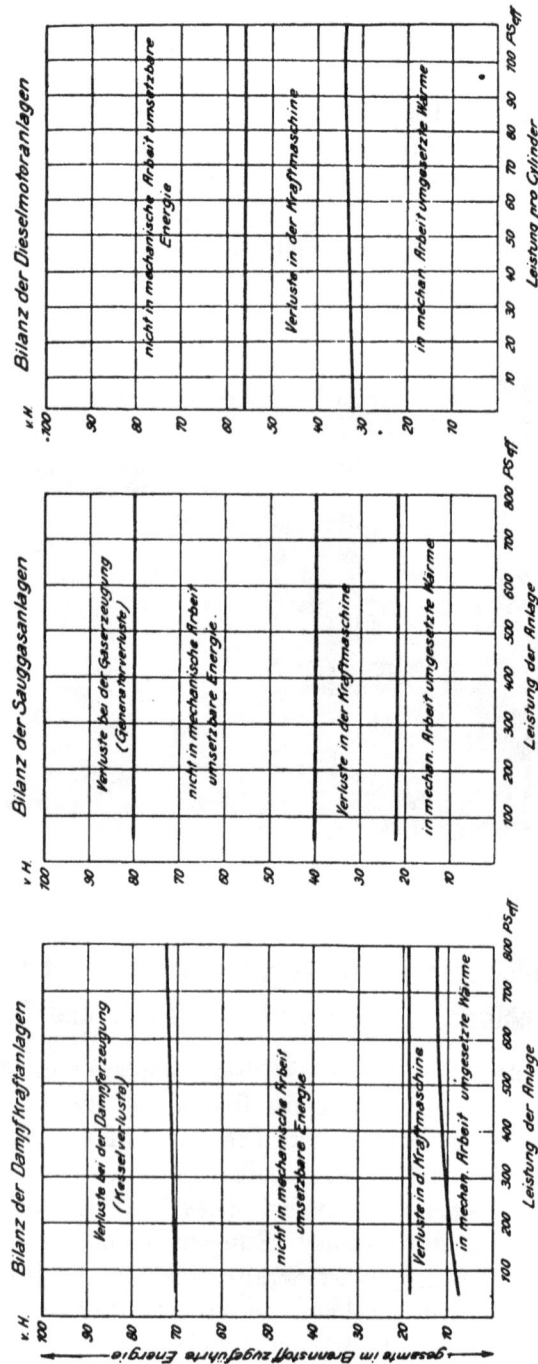

[Fig. 40—42. Zusammenstellung der erreichbaren Wärmeausnutzung des Brennstoffes.

Bei den Dampfmaschinen nimmt die in mechanische Energie umgesetzte Wärme mit der Leistung zu und erreicht bei 700—800 PS (Heißdampfbetrieb) den Wert von etwa 13%; eine theoretisch vollkommene Dampfmaschine würde etwa 19% der Brennstoffenergie ausnutzen, mithin ist der Gütegrad der Dampfmaschine etwa 70%. Bei den Gaskraftanlagen ist die in mechanische Energie umgesetzte Wärme fast unabhängig von der Leistung und beträgt etwa 23%; eine theoretisch vollkommene Gasmaschine würde etwa 40% aus-

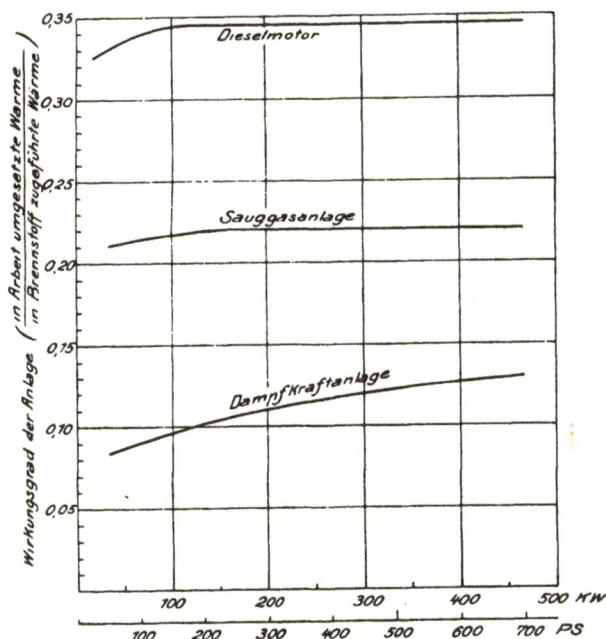

Fig. 43. Ausnutzung des Brennstoffes bei Versuchen.

nutzen, so daß der Gütegrad der Sauggasmaschine etwa 58% beträgt. Bei den Dieselmotoren findet mit der Größe ein kaum nennenswertes Ansteigen der in mechanische Arbeit umgesetzten Wärme bis auf etwa 34% statt; ein theoretisch vollkommener Dieselmotor würde etwa 56% ausnutzen, so daß der Dieselmotor mit einem Gütegrad von etwa 61% arbeitet. Die nicht in mechanische Energie umsetzbare Wärme ist bei der Dampfmaschine am größten, bei Sauggasmaschine und Dieselmotor geringer.

Aus der Zusammenstellung der Wirkungsgrade in Fig. 43 ergibt sich, daß die Ausnutzung in dem Dieselmotor und der Sauggasmaschine fast unabhängig von der Maschinenleistung ist, während bei der Dampfmaschine mit Zunahme der Maschinengröße bis zu etwa 700—800 PS. und darüber hinaus stetig, zuerst eine merkliche, zuletzt eine kaum nennenswerte Verbesserung erzielt wird.

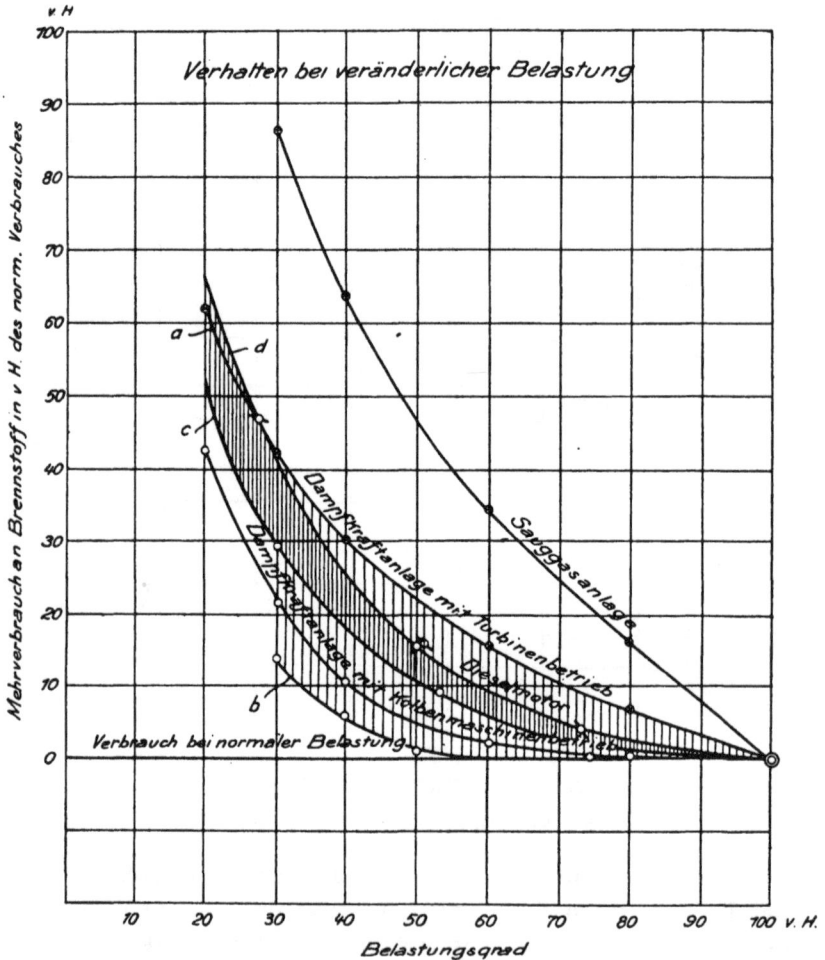

Fig. 44.

Das Verhalten der einzelnen Kraftmaschinen bei verschiedenen Leistungen unter normal ist in der Fig. 44 des Vergleichs wegen nochmals zusammengestellt. Die Feststellung, wie der Verbrauch der Kraftmaschinen bei verminderter Leistung sich ändert, ist für die Praxis von außerordentlicher Bedeutung. In sehr vielen Fällen arbeiten die Maschinen während eines großen Teiles der

Betriebszeit mit verminderter Leistung. Häufig werden Kraftwerke in Erwartung späteren Mehrbedarfes an Energie reichlich dimensioniert, so daß die Kraftmaschinen bisweilen jahrelang schwach belastet laufen, ehe der Leistungsbedarf soweit gestiegen ist, daß sie voll ausgenutzt werden können. Für die praktischen Betriebsergebnisse ist es daher von außerordentlicher Bedeutung, daß eine geringere Belastung einen möglichst geringen Mehrbedarf verursacht.

Die Kolbenmaschine schneidet in dieser Beziehung sehr günstig ab. Bei der Dampfturbine ist das Verhalten ein in ziemlich weiten Grenzen verschiedenes, und zwar ist das Regelverfahren sowie der Betrieb der Kondensation ausschlaggebend (vgl. S. 63). Die Grenzen, zwischen denen der Mehrbedarf schwanken kann, sind durch die Kurven a und b, Fig. 44, gekennzeichnet. Bei Düsenregelung und richtigem Betrieb der Kondensation kann die Turbine bei Belastungen unter normal heute mindestens so günstig betrieben werden wie die Kolbenmaschine.

Die Sauggasmaschine schneidet am ungünstigsten ab. Bei halber Belastung hat die Anlage einen bereits um etwa 45% höheren spezifischen Brennstoffverbrauch. Die Dieselmaschinen arbeiten wesentlich günstiger (Kurve c bis Kurve d). Bezüglich der indizierten Leistung ist das Arbeitsverfahren der Dieselmaschine etwa dem der Kolbenmaschine gleichwertig. Infolge der höheren mechanischen Verluste ist hier die Zunahme des Verbrauches für die effektive Pferdestärke größer als bei Kolbendampfmaschinen.

Die in Fig. 43 dargestellte durch die drei Wärmekraftmaschinen (Dampfkraftmaschinen, Sauggasmaschinen, Dieselmaschinen) erreichbare thermische Ausnutzung der Brennstoffe entspricht nicht den wirtschaftlichen Verhältnissen, da die den Kraftanlagen in den Brennstoffen zugeführte Wärme verschiedenen Wert besitzt. Es tritt also durch die Preisunterschiede der einzelnen Brennstoffe eine erhebliche wirtschaftliche Verschiebung der Krafterzeugungskosten ein, welche für die durch den Betrieb aufzuwendenden Nebenkosten (Unterhaltungs- und Betriebskosten, Löhne etc.) noch eine weitere wesentliche Veränderung erfahren. Diese Verhältnisse werden im folgenden Abschnitt betrachtet.

III. Wirkliche Brennstoffverbrauche und Betriebskosten von ausgeführten Anlagen.

Die oben erörterte Ausnutzung der Brennstoffe, wie sie bei Versuchen durch die verschiedenen Wärmekraftmaschinen erzielt wird, entspricht nicht dem wirklichen Brennstoffaufwand einer Anlage. Der wirkliche Brennstoffaufwand wird bei den Dampfanlagen vergrößert durch die nicht immer vollkommene Art der Kesselbedienung, der Bedienung und Unterhaltung der Dampfleitung und Entwässerungseinrichtungen, der Instandhaltung der Maschine, deren Ventile namentlich bei Heißdampfbetrieb eines öfteren Nachschleifens bedürfen.

Bei den Sauggasanlagen erfordert der Generator wenig Unterhaltungsarbeiten. Im Gegensatze zum Kesselbetrieb ist der Generatorbetrieb weniger von der Geschicklichkeit der Bedienung abhängig. Bei den Gaskraftmaschinen sind deren Ventile und Kolben häufiger zwecks Reinigung bzw. Nachdichtung auszubauen. Der Zündflansch wird zweckmäßig täglich ausgewechselt.

Bei den Dieselmaschinen ist der Betrieb am einfachsten. Das Einspritzventil mit Düse wird jeden Tag zweckmäßig herausgenommen, sonst beschränkt sich die laufende Bedienung auf die Schmierung des Triebwerks, Nachfüllen der Treibölbehälter und auf die Einregelung des Einspritzluftdruckes.

Neben der mit der Bedienung und Instandhaltung zusammenhängenden Beeinflussung des Brennstoffverbrauches kommen im praktischen Betriebe noch der Grad der Belastung und die tägliche Betriebszeit in Frage, die selten so günstig sind wie bei Versuchen und daher ebenfalls den Brennstoffverbrauch in erster Linie bei Gaskraft- und dann bei Dampfmaschinenanlagen heraufsetzen.

Ferner ist der Aufwand für die Brennstoffe aus dem Grunde nicht allein von dem spezifischen Brennstoffverbrauch abhängig, weil die Preise der für die einzelnen Maschinen verwendbaren Brennstoffe verschieden sind, so daß die thermische Überlegenheit eines Maschinensystems durch den höheren Preis der benutzten Brennstoffe wirtschaftlich zum Teil ausgeglichen wird.

Außerdem sind mit dem Aufwand für den Brennstoff die wirklichen direkten Krafterzeugungskosten noch nicht erschöpft, es kommen noch hinzu die Kosten für Gehälter und Löhne des Betriebspersonals, für das Schmier-, Packungs- und Dichtungsmaterial und die sächlichen Kosten für Unterhaltung der Maschinenanlage.

Es würde ein unrichtiges Bild geben, alle diese Kosten auf Grund von Versuchsergebnissen aufrechnen zu wollen, es ist dies auch kaum möglich. Genau können die wirklichen unmittelbar auflaufenden Krafterzeugungskosten nur auf Grund von Aufschreibungen festgestellt werden, die in praktischen Betrieben gemacht worden sind.

Ich habe mir daher aus einer großen Anzahl von Dampfkraft-, Sauggas- und Dieselmaschinenanlagen hauptsächlich von Elektrizitätswerken, aber auch aus Fabrikbetrieben, Kraftwerken von Geschäftshäusern etc., die tatsächlich aufgelaufenen unmittelbaren Betriebskosten, die Jahresleistungen der Maschinen usw. verschafft. Es ist selbstverständlich, daß bei den einzelnen Ergebnissen dieser Aufschreibungen erhebliche Unterschiede obwalten, die von Bauart und Ausführung der Maschinenanlage, der Art ihrer Unterhaltung und der Betriebsführung und von der Anzahl des zum Betrieb verwendeten Personals herrühren. Gerade in letzter Hinsicht ergeben sich ganz erstaunliche Verschiedenheiten.

Diese auf individuellen Verhältnissen der einzelnen Anlagen beruhenden Verschiedenheiten bewirken zwar erhebliche Abweichungen der direkten Krafterzeugungskosten untereinander; immerhin lassen sich aber doch hieraus allgemeine, die Verhältnisse kennzeichnende Mittelwerte ableiten, die den mittleren Verlauf der Einzel- und Gesamtbetriebskosten in bezug auf die Jahresmaschinenleistung ergeben.

Außer Betracht geblieben ist die Berücksichtigung der Verzinsungs- und Amortisationskosten des Anlagekapitals, weil diese zu sehr von den örtlichen Verhältnissen abhängen, die Anlagekosten und der Raumbedarf sind aber später noch kurz behandelt.

In Zahlentafel 33 sind zunächst für Kolbendampfmaschinenanlagen von einem Umfang bis 1000 KW die maximale Dauerleistung der Maschinen, die Anlagekosten der maschinellen und elektrischen Einrichtungen pro KW Dauerleistung, die jährliche Maschinenleistung in KWStd., die wirklich erreichte Wärmeausnutzung des Brennstoffes, und die Betriebskosten für Brennstoff, Schmier-, Packungs- und Dichtungsmaterialien, Löhne, Instandhaltung sowie die sich daraus ergebenden Gesamtbetriebskosten pro KWStd. zusammengestellt.

Zahlentafel 33. Betriebsergebnisse im Jahresdurchschnitt.
Kolben-Dampfmaschinenanlagen (bis 1000 KW Dauerleistung).

| Anlage besteht aus: | Maximale Dauerleistung der Maschinen KW | Anlagekosten d. maschinell. Einrichtung[1]) pro KW max. Dauerleistung M/KW | Jährliche Maschinenleistung KWStd. | Wärmeausnutzung Thermischer Wirkungsgrad $\frac{PSs \text{ in WE}}{\text{Brennstoffwärme}}$ η_a | Betriebskosten (Pf. pro KWStd.) | | | | 5 Gesamte Betriebskosten (1—4) einschließl. nicht näher bezeichnet. Ausgaben ₰ |
					1 Brennstoff ₰	2 Schmier-, Packungs- und Dichtungsmaterial ₰	3 Gehälter und Löhne ₰	4 Unterhaltung ₰	
2 Kessel 3 Komp.-Maschinen	78	1070	120 556	0,04	7,85	0,9	3,45	1,02	16,3
2 „ 3 Einzylinder-Maschinen	87	860	108 428	0,041	7,5	0,56	2,75	1,38	14,8
3 „ 3 Komp.-Maschinen	160	595	238 648	—	5,45	0,81	3,33	0,42	14,25
2 „ 2 „ „	170	—	152 860	0,082	5,87	0,53	4,75	1,5	16,4
3 „ 2 „ „	264	638	901 390	0,069	2,69	0,14	2,67	1,31	7,6
2 „ 2 „ „	302	595	224 180	0,069	3,87	0,51	4,5	2,07	11,85
3 „ 3 „ „	310	350	331 113	0,07	4,08	0,26	3,25	1,19	9,5
3 „ 3 „ „	340	585	610 810	0,048	3,4	0,3	2,25	1,2	7,55
3 „ 4 „ „	363	775	513 298	0,058	5,75	0,29	2,09	0,62	10,5
3 „ 2 steh. Komp.-Maschinen	400	534	537 516	0,071	3,2	0,46	4,85	1,49	11,3
3 „ 3 Komp.-Maschinen	400	630	719 630	0,053	3,8	0,23	1,5	0,8	9,0
2 „ 3 „ „	400	595	883 446	0,086	2,7	0,35	2,84	1,08	7,7
3 „ 3 „ „	405	617	697 236	0,07	3,15	0,16	3,15	1,5	8,47
2 „ 3 steh. Komp.-Maschinen	416	548	534 700	0,0ᵌ5	3,1	0,13	4,0	2,6	10,1
6 „ 3 Komp.-Maschinen	420	550	332 037	0,062	4,72	0,3	2,3	1,46	8,8
3 „ 3 „ „	450	—	440 805	0,049	7,4	0,33	2,95	1,6	13,0
4 „ 5 „ „	471	474	581 867	0,061	3,45	0,29	4,04	0,91	10,9
3 „ 2 Komp.-Masch., 1 Dpft.	500	469	247 300	0,069	3,5	0,34	5,75	1,9	12,4
2 „ 2 Komp.-Maschinen	600	589	688 100	0,06	4,25	0,67	1,8	0,79	9,9
4 „ 3 „ „	880	431	1 019 863	0,069	4,15	0,27	3,04	0,77	9,45

1) Maschinen, Kessel mit Einmauerung, Speisepumpen, Kondensatoren, Kühlvorrichtungen, Rohrleitungen, Umformer, Apparate; ausschließlich Leitungsnetz, Kabel, Akkumulatoren, Transformatoren.

Zahlentafel 34. Betriebsergebnisse im Jahresdurchschnitt.
Lokomobilanlagen.

	Maximale Dauerleistung der Maschinen KW	Anlagekosten der maschinellen Einrichtung pro KW maximaler Dauerleistung M/KW	Jährliche Maschinenleistung KWStd.	Wärmeausnutzung in der Maschine PSe in WE Brennstoffwärme ηth	Betriebskosten Pfennig pro KWStd.				
					1 Brennstoff ℳ	2 Schmier-, Packungs- und Dichtungsmaterial ℳ	3 Gehälter und Löhne ℳ	4 Unterhaltung ℳ	5 Gesamtbetriebskosten einschließl. nicht näher bezeichnet. Ausgaben ℳ
1	2 Lokomobilen . . .	65	400	51 106	0,045	5,7	0,3	4,1	—	14,0
2	2 Lokomobilen . . .	70	358	58 000	—	4,8	0,27	4,5	0,14	13,7
3	2 Heißdampf-Lokomobilen je 80 KW .	160	—	107 520	—	3,12	0,76	1,95	1,38	7,21
4	2 Heißdampf-Lokomobilen je 90 KW .	180	—	131 487	—	4,27	0,9	1,93	0,52	7,62
5	2 Heißdampf-Komp.-Lokomobilen je 100 KW . . .	200	—	316 442	0,074	3,94	0,62	1,24	0,41	6,21
6	3 Heißdampf-Komp.-Lokomobilen je 100 KW . . .	350	408	300 249	0,076	3,1	0,19	2,25	0,03	5,8
7	4 Heißdampf-Komp.-Lokomobilen je 100 KW . . .	356	—	832 270	—	3,8	0,27	1,72	0,56	11,8

7*

In Zahlentafel 34 sind die gleichen Aufschreibungen, soweit sie mir zugänglich waren, für Anlagen mit D a m p f l o k o m o b i l e n und in Zahlentafel 35 für kleinere Dampfturbinenanlagen bis 1000 KW Gesamtleistung mitgeteilt.

Zahlentafel 35. **Betriebs-Ergebnisse** im Jahresdurchschnitt.

Dampfturbinenanlagen kleinerer Leistung (bis 1000 KW).

	Maximale Dauerleistung der Masch. KW	Anlagekosten der maschinellen Einrichtg. pro KWmax. Dauerleist. M./KW	Jährl. Maschinenleistung KWStd.	Wärmeausnutzung Therm. Wirkungsgrad PSe in WE / Brennstoffwärme ηth	Betriebskosten Pfennig pro KWStd.				
					1 Brennstoff ₰	2 Schmier-Packungs- und Dichtungsmaterial ₰	3 Gehälter und Löhne ₰	4 Unterhaltung ₰	5 Ges.-betr.-kost. ₰
2 Turbinen je 200 KW . . .	∞ 400	435	289 852	0,08 (1908)0,09	4,2	0,05	3,2	—	7,62
3 Turbinen 2 zu je 200 KW . . 1 zu 300 KW	700	—	1 250 000	—	—	—	—	—	6,55

In Fig. 45 sind die Betriebskosten der Dampfkraftanlagen in bezug auf die Jahresleistung der Maschinen graphisch aufgetragen und die Mittelwerte durch Linienzüge dargestellt.

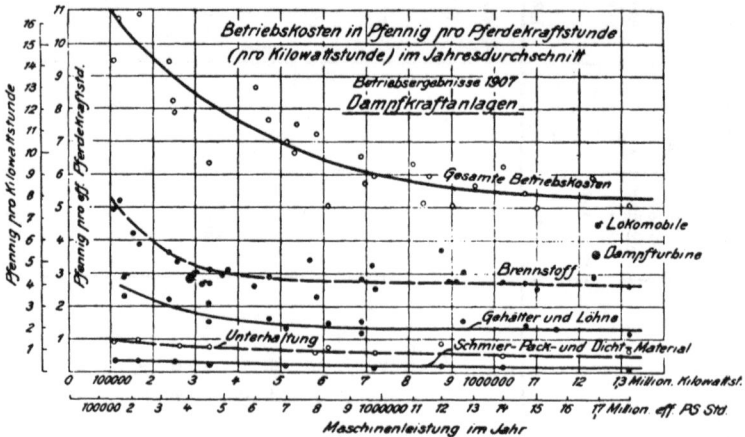

Fig. 45. Dampfkraftanlagen bis 1000 KW Leistung.

Was zunächst die wichtigsten, die Brennstoffkosten, anbelangt, so ergeben sich bei der kleinsten Jahresleistung von 100000 KWStd. verhältnismäßig hohe Aufwendungen von 7,5 Pf./KWStd., die aber

rasch abnehmen und schon bei einer Leistung von 500000 KWStd. auf
4,2 Pf. herabgehen, um dann mit weiterer Zunahme der Jahresleistung
nur ganz allmählich abzunehmen, so daß bei 1,3 Mill. KWStd. 4 Pf.
erreicht werden. Das entspricht einer Maschinenanlage von zirka
1000 PS. Es zeigen sich gegenüber den Mittelwerten bei einzelnen
Anlagen beträchtliche Abweichungen nach oben und unten, die eben
durch die oben berührten Eigentümlichkeiten jeder Anlage in bezug
auf Art der Ausführung und Bedienung und auf Verschiedenheiten
der Brennstoffpreise zurückzuführen sind.

Die tatsächliche Wärmeausnutzung des Brennstoffes steigt von
4 % bei den kleinen auf 7 % bei den größeren Anlagen und erreicht
ausnahmsweise bei einer solchen von nur 800000 KWStd. Jahresleistung den Höchstwert von 8,6 %. Aus der Verschiedenartigkeit
dieser Ziffern gehen die Einflüsse, die eingangs dieses Abschnittes
berührt worden sind, klar hervor.

Auch für Gehälter und Löhne läßt sich ein mittlerer Verlauf
feststellen, obgleich aus der Zahlentafel hervorgeht, daß gerade hier
pro KWStd. erhebliche Verschiedenheiten herrschen (1,8 Pf. bis
4,04 Pf. pro KWStd. bei fast gleicher Jahresleistung).

Die spezifischen Unterhaltungskosten der Anlagen und die Aufwendungen für Schmier-, Packungs- und Dichtungsmaterial nehmen
mit zunehmender Jahresleistung nur sehr langsam ab und weisen
größere Regelmäßigkeit auf.

Bei den Gesamtbetriebskosten kommt das verschiedene Verhalten
einzelner Dampfanlagen am deutlichsten zum Ausdruck. Eine Anlage mit kleinen Einheiten von insgesamt 340 KW Maschinen- und
610000 KWStd. Jahresleistung erfordert an direkten Betriebskosten
7,55 Pf./KWStd., eine solche mit Einheiten von zusammen 450 KW
und nur 440000 KWStd. Jahresleistung 13 Pf., bei fast gleicher
Wärmeausnutzung des Brennstoffes (4,8 bzw. 4,9 %). Ursache sind
die doppelt so hohen Brennstoffpreise in der letzteren Anlage
und die schwächere Ausnutzung. Die Gesamtbetriebskosten nehmen
mit dem Steigen der Jahresleistung erst rascher, dann allmählich ab
und erreichen bei 1,3 Mill. KWStd. 8 ₰/KWStd. Bei dieser Leistung
betragen die Gesamtbetriebskosten etwa das Doppelte des Brennstoff-
aufwandes. Das verschiedene Verhalten der einzelnen Werke ist aus
Fig. 45 deutlich ersichtlich (siehe eingetragene Punkte).

Daß die Lokomobilanlagen (Zahlentafel 34) günstig abschneiden würden, war zu erwarten; eine Anlage bestehend aus drei

Heißdampflokomobilen von je 100 KW hat eine Brennstoffausnutzung von 7,6 % und Gesamtbetriebskosten von 5,8 ₰/KWStd.

Betriebsergebnisse von größeren Dampfkraftanlagen (über 1000 KW Dauerleistung) sind in Zahlentafel 36 zusammen-.

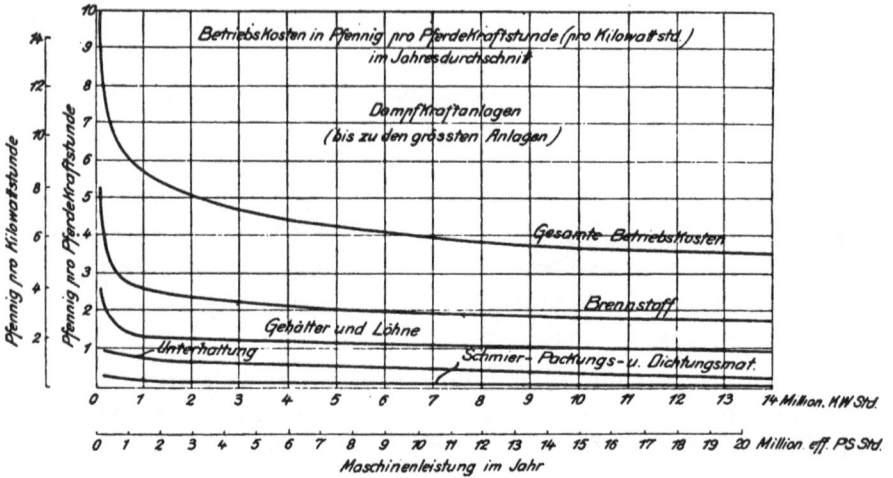

Fig. 46. Betriebskosten von Dampfkraftanlagen (Kolbenmaschinen und Turbinen).

gestellt; in solchen Anlagen sind jetzt noch meist Kolbenmaschinen neben Turbinen zu finden; Abb. 46 zeigt die Betriebskosten in Abhängigkeit von der Leistung aufgetragen; man sieht, daß von einer

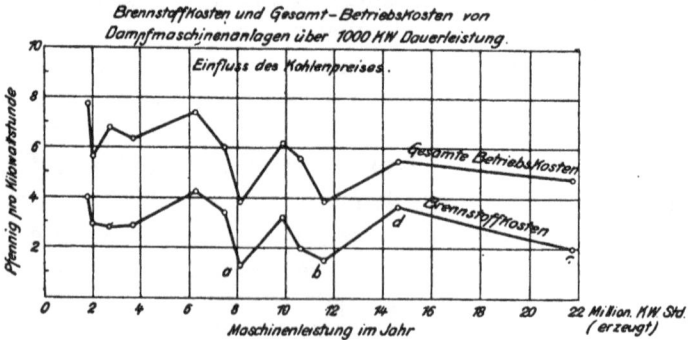

Fig. 47. Abhängigkeit der gesamten Betriebskosten von den Brennstoffkosten.

gewissen Leistung ab der Einfluß der Größe der Anlage verschwindet, hingegen tritt die Abhängigkeit der Gesamtkosten von den Brennstoffkosten stark hervor, wie aus Abb. 47 deutlich zu bemerken ist; bei den Werken a und b, die in Kohlenrevieren liegen, betragen die Brennstoffkosten nur 1,3 und 1,5 ₰/KWStd., die gesamten Betriebskosten 3,9 ₰/KWStd.; bei Anlage *d* betragen die Brennstoffkosten infolge hoher Fracht 3,7 ₰, die Gesamtkosten 5,5 ₰.

Dampfturbinenkraftwerke für kleinere Leistungen (Zahlentafel 35) sind noch spärlich vorhanden, so daß auch hierin nur wenige Erfahrungswerte vorliegen. Immerhin ist festzustellen, daß die angeführten Dampfturbinenanlagen in Anbetracht der kleinen Leistungen sehr günstig abschneiden (8 bezw. 9% Brennstoffausnutzung, 6,55 Pf. Gesamtbetriebskosten). Die Ursache liegt weniger in einer thermischen Überlegenheit der Dampfturbine, als darin, daß

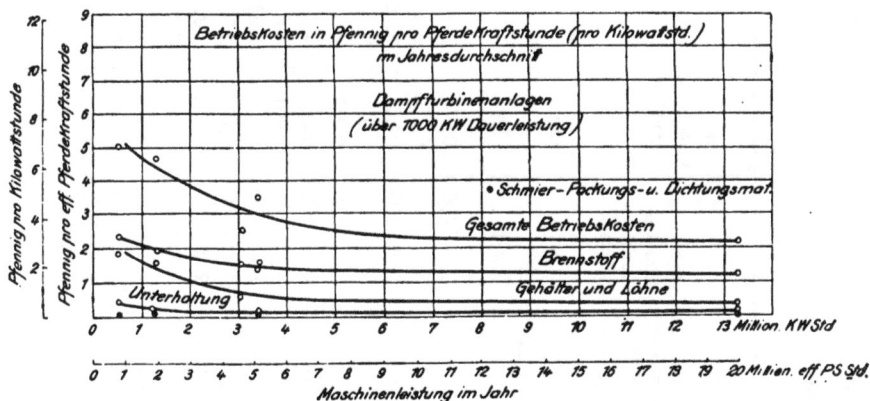

Fig. 48. Betriebskosten von größeren Dampfturbinenanlagen.

es sich um neuzeitliche Anlagen handelt, die an sich vollkommener ausgebildet sind, und weil die Turbine überhaupt geringere Unterhaltungskosten, insbesondere an Öl und Bedienung, erfordert.

Die Betriebsergebnisse von Dampfturbinen-Kraftwerken für große Leistungen (über 1000 KW), die in Zahlentafel 37 und Fig. 48 enthalten sind, lassen die ausgezeichneten Betriebseigenschaften dieser Maschine erkennen; die Ausgaben für Schmier-, Packungs- und Dichtungsmaterial sowie für Unterhaltung sind in den meisten Fällen verschwindend; die Brennstoffkosten, Löhne und Gehälter bestimmen die Betriebskosten, die bei ganz großen Anlagen mit günstiger Brennstoffversorgung bis auf 2,2 ₰/KWStd. herabgehen; die thermische Ausnutzung im Betriebe ist dabei 12,3% und nähert sich damit stark den günstigsten Versuchswerten, die auf rd. 16% (für die ganze Anlage) geschätzt werden können.

Zahlentafel 36. Betriebsergebnisse im Jahresdurchschnitt.

Größere Dampfkraftanlagen (Dampfmaschinen und Dampfturbinen) über 1000 KW Dauerleistung.

		Maximale Dauerleistung der Maschinen KW	Anlagekosten der maschinellen Einrichtung pro KW maximaler Dauerleistung der Maschinen M/KW	Jährliche Maschinenleistung KWStd.	Wärmeausnutzung Therm. Wirkungsgrad $\frac{\text{PSe in WE}}{\text{Brennstoffwärme}}$ η_{th}	Betriebskosten Pfennig pro KWStd.				
						1 Brennstoff ₰	2 Schmier-, Packungs- und Dichtungsmaterial ₰	3 Gehälter und Löhne ₰	4 Unterhaltung ₰	5 Gesamte Betriebskosten (1—4) (einschl. nicht näher bezeichnet. Ausgaben) ₰
5 Kessel 4 Kolbenmasch. u. Dampfturb.		1100	478	1 562 400	0,056	2,06	0,35	1,67	1,0	5,8
4 „ 4 „ „		1146	525	1 473 350	0,073	3,21	0,24	2,7	0,81	8,8
6 „ 4 „ „		1180	405	2 669 000	0,06	2,78	0,14	2,12	1,05	6,85
5 „ 6 „ „		1760	—	1 982 300	0,06	2,95	0,2	1,56	0,56	5,6
6 „ 5 „ „		2786	358	1 788 200	0,055	4,0	0,27	2,16	0,01	7,75
10 „ 7 „ „		2900	510	6 111 536	0,062	4,26	0,22	1,56	0,23	7,5
8 „ 5 „ „		3535	290	3 625 000	0,064	2,9	0,12	1,37	0,63	6,3
20 „ 5 „ „		3850	370	8 147 848	0,058	1,22	0,11	1,5	0,27	3,86
12 „ 4 „ „		4500	580	11 475 260	0,115	1,55	0,96	1,4	0,63	3,9
16 „ 9 „ „		4680	347	7 466 119	0,072	3,95	0,16	1,5	0,34	6,0
11 „ 7 „ „		5000	—	9 932 400	0,057	3,25	0,14	1,65	0,3	6,2
22 „ 9 „ „		8000	497	21 707 286	0,086	2,02	0,16	1,1	—	4,85
16 „ 13 „ „		8710	357	10 616 323	0,084	1,95	0,23	1,64	0,89	5,57
14 „ 8 „ „		9000	300	14 602 890	0,076	3,7	0,17	1,05	0,38	5,5
123 „ 46 „ „		78332	—	193 400 547	0,116	2,03	0,07	0,63	0,42	4,45

Zahlentafel 37. Betriebsergebnisse im Jahresdurchschnitt.

Größere Dampfturbinenanlagen
(von über 1000 KW maximaler Dauerleistung).

		Maximale Dauerleistung der Maschinen KW	Anlagekosten der maschinellen Einrichtung pro KW maximaler Dauerleistung der Maschinen M/KW	Jährliche Maschinenleistung KWStd.	Wärmeausnutzung Thermischer Wirkungsgrad $\frac{PSe\ in\ WE}{Brennstoffwärme}$ ηth	Betriebskosten Pfennig pro KWStd.				
						1 Brennstoff ₰	2 Schmier-, Packungs- und Dichtungsmaterial ₰	3 Gehälter und Löhne ₰	4 Unterhaltung ₰	5 Gesamte Betriebskosten (1—4) (einschließlich nicht näher bezeichneter Ausgaben) ₰
1	4 Turbinen	1 167	311	1 010 266	—	2,15	0,1	2,82	0,48	6,0
2	3 Turbinen	1 500	230	1 257 191	0,062	2,73	0,27	2,27	0,12	6,42
3	4 Turbinen	1 850	351	3 408 000	0,074	2,0	0,1	2,25	0,24	4,9
4	3 Turbinen	3 125	220	3 109 210	0,095	2,18	0,03	0,91	0,08	3,5
5	2 Turbinen	6 000	258	13 325 200	0,106	1,84	0,03	0,55	0,34	3,05
6	3 Turbinen	15 000	211	25 300 000	0,123	1,42	0,013	0,4	0,13	2,2

Für Gaskraftanlagen sind die Betriebsergebnisse in Zahlentafel 38 bezw. Fig. 49 zusammengestellt. Bei den Brennstoffkosten ist zu berücksichtigen, daß diese verschieden ausfallen, je nachdem Anthrazit oder Koks verfeuert wird. Die meisten angeführten Anlagen verwenden Anthrazit oder Koks oder beides zusammen. Entsprechend den billigeren Kokspreisen sind bei Verwendung von Koks die spezifischen Brennstoffkosten niederer als bei Anthrazit. Leider konnte ich über Gaskraftanlagen mit Braunkohlenbrikettfeuerung nur wenige zuverlässige Werte erhalten, diese bleiben etwas unter den für Koks angegebenen Werten.

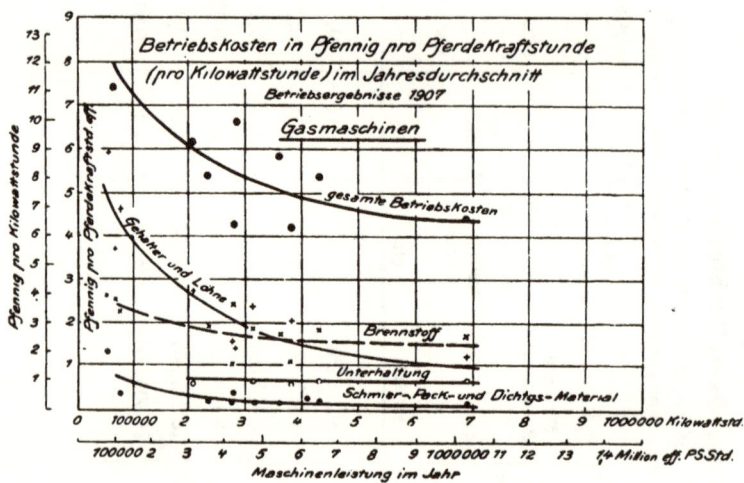

Fig. 49. Betriebsergebnisse von Gaskraftanlagen.

Die thermische Überlegenheit der Sauggasanlagen über die Dampfanlagen macht sich sofort aus der besseren Brennstoffausnutzung bemerkbar, diese erreicht beispielsweise bei einer 200 KW Anlage (2 einfach wirkende Viertaktmaschinen, Koksfeuerung) den hohen Betrag von 15 %, beträgt aber in der Mehrzahl nur 9—12 %. Die festzustellende große Verschiedenheit in den spezifischen Brennstoffkosten erklärt sich zum Teil aus der Verschiedenartigkeit der Preise des Brennmaterials (Anthrazit, Koks, Braunkohlenbrikett). Nur bei kleineren Jahresleistungen bis zu 300000 KWStd. läßt sich eine stetige Abnahme der spezifischen Brennstoffkosten mit Zunahme der Leistung erkennen, von da ab ist der Aufwand an Brennstoff für die KWStd. nahezu unabhängig von der Größe der Maschinenanlage. Aber die Unterschiede in bezug auf die Abhängigkeit der

Zahlentafel 38. Betriebs-Ergebnisse im Jahresdurchschnitt.

Sauggaskraftanlagen.

Anlage besteht aus:	Maximale Dauerleistung der Maschinen KW	Anlagekosten der maschinellen Einrichtg. pro KW max. Dauerleistung der Maschinen M/KW	Jährliche Maschinenleistung KWStd.	Wärmeausnutzung Therm. Wirkungsgrad $\frac{\text{PS. in WE}}{\text{Brennstoffwärme}}$ η_{th}	1 Brennstoff ₰	2 Schmier-Packungs- und Dichtgs.-Material ₰	3 Gehälter und Löhne ₰	4 Unterhaltung ₰	5 Gesamte Betriebskosten (einschl. nicht näher bezeichnet. Ausgaben) ₰	Verwendeter Brennstoff
2 Maschinen; 2 Generatoren	32	—	65 850	—	3,83	0,4	5,6	1,4	11,2	Anthrazit
2 ; 2 »	50	—	114 000	—	2,12	0,3	~4,8	~1,0	~8,22	Braunkohlenbriketts
2 Leuchtgasmotoren	67	—	88 069	—	6,42	0,22	4,3	—	17,6	Leuchtgas
1 Maschine; 1 Generator . .	100	—	372 000	—	1,26	0,6	~3,2	~0,6	~5,96	Braunkohlenbriketts
2 Maschinen	108	735	156 086	—	3,55	0,5	4,5	2,57	11,2	Leuchtgas
2 ; 2 Koks-Gener.	144	875	206 141	0,188	1,32	0,22	4,05	0,93	9,25	Gaskoks (mit Leuchtgaszusatz)
2 einfw. Viert.-M.; 2 Koks-G.	200	635	376 314	0,148	1,74	0,21	3,1	0,85	6,3	Koks
3 lgd. Sauggasmotoren . .	230	—	335 763	0,104	4,2	0,42	3,3	2,4	10,7	Anthrazit
3 Viert.-M.; 2 Druckg.-Gen. .	234	770	463 326	0,116	2,76	0,29	2,65	1,01	8,05	Anthrazit-Koks
3 » » ; 3 » »	252	830	312 760	—	2,86	0,26	3,6	1,01	7,8	Anthrazit-Koks
3 Masch.; 2 Druckg.-Gen. .	260	682	277 326	0,108	3,72	0,57	2,25	0,38	10,0	Koks
2 doppw. Viert.-M.; 3 Koks-G.	270	583	275 310	0,091	1,61	0,365	2,41	0,43	6,42	Erbskoks
3 Sauggasmotoren	332	740	494 673	0,142	2,05	0,11	3,2	0,81	7,45	Anthrazit
2 einf. Einz.-Zweit.-M.; 2 G.	400	417	426 643	0,135	3,17	0,38	3,13	1,12	8,4	Leuchtgas, Braunkohlen-Briketts, Koks
4 Viert.-M.; 3 Braunk.-B.G. .	470	546	693 810	0,212 f.Leuchtg. 0,073 f. Sauggas	2,58	0,26	1,01	1,02	6,65	
4 Sauggasmot. 2 × 200 PS, 2 × 2800 PS	500	610	762 305	—	1,75	0,35	3,45	0,36	6,6	Koks
4 Einz.- und Zwillingsmasch.	570	444	1 222 016	0,186	4,0	0,32	1,9	1,4	10,6	Leuchtgas
6 Sauggas-Zwillingsmasch. (einf. u. doppeltwirkend)	1400	820	3 004 672	—	2,46	0,18	2,2	0,4	7,4	Koks Leuchtgas

Brennstoffkosten von der Jahresleistung bei den kleineren Anlagen sind viel geringer als bei den Dampfkraftanlagen, und dies ist ein Vorzug der Gaskraftwerke. Der Aufwand für Brennstoff schwankt bei zwei ähnlichen Anlagen mit fast gleicher Jahresleistung zwischen 1,6 ₰/KWStd. und 3,7 ₰/KWStd.

Für die Gasmaschinenanlagen sind die Unterhaltungskosten und die Kosten für Schmier-, Packungs- und Dichtungsmaterial ungefähr die gleichen wie bei den Dampfkraftanlagen, beide wachsen im Verhältnis mit der Jahresleistung der Anlage, bleiben also beiläufig gleich pro KWStd. Dagegen sind bei kleineren Anlagen wegen der vermehrten Unterhaltungsarbeiten höhere Aufwendungen für Gehälter und Löhne zu machen als bei Dampfbetrieben; aber die Kosten für das Personal nehmen mit Zunahme der jährlichen Maschinenleistung stetig ab und bleiben bei 700000 KWStd. Jahresleistung unter dem entsprechenden Betrag bei den Dampfanlagen.

Die mittleren Gesamtbetriebskosten für Gaskraftanlagen schwanken nach der Größe der Anlage, nach der Art des verwendeten Brennstoffes und entsprechend der Jahresleistung und Betriebsdauer von 6,3 ₰/KWStd. (Koks, zwei einfachwirkende Viertaktmaschinen à 100 KW, 376300 KWStd. jährliche Leistung) bis 11,2 ₰/KWStd. (Anthrazit, zwei Maschinen à 16 KW, 65000 KWStd. jährlich).

Der Verlauf der Abnahme der Gesamtbetriebskosten bei Gasmaschinenanlagen mit dem Steigen der Jahresleistung ist ungefähr der gleiche wie bei den Dampfmaschinen, nur daß bei den ersteren schon früher, etwa bei 600000 KWStd. Jahresleistung, der niederste Wert annähernd erreicht ist. Im allgemeinen betragen bei dieser Jahresleistung die Gesamtbetriebskosten nahezu das Dreifache der Brennstoffkosten, sie sind aber wesentlich niedriger als bei Dampfanlagen; der diesbezügliche Unterschied zwischen beiden Betrieben ist bei kleineren Leistungen ca. 50%, bei größeren (700000 KWStd. Jahresleistung) ca. 40% vom kleineren Wert.

Bis vor ca. 10 Jahren baute man keine Gasmaschinen mit mehr als 1000 PS. Seither ist eine beispiellose Entwicklung der Großgasmaschine eingetreten, so daß heute in solchen Maschinen mehr als 1 Million PS in der ganzen Welt im Betrieb sein dürften. Die hohe wirtschaftliche Bedeutung dieser Maschine ist darin begründet, daß sie dazu bestimmt ist, Abgase von Hütten- und Zechenbetrieben, die früher günstigsten Falls unter Kesseln verbrannt wurden, mit dem der Gasmaschine eigenen hohen thermischen Wirkungsgrad auszunutzen. Als Brennstoff kommen hauptsächlich zweierlei Gasarten zur Verwendung, das Hochofengas oder Gichtgas, dessen Heizwert zwischen 875 bis 1025 WE schwankt, und das Koksofengas, welches dem Leuchtgas ähnelt und ca. 4000 WE Heizwert besitzt (vergl. Zahlentafel 3). Von der Wärme, die dem Hochofen mit dem Koks zugeführt wird, werden rd. 34 % im Ofen selbst verbraucht, mit dem Eisen und der Schlacke gehen 18 % weg, in den Winderhitzern werden 28 % verbraucht; es bleiben daher für Maschinenbetrieb dauernd ca. 34 % der Wärme übrig. Bei Koksöfen werden 6—7 % der Wärmeenergie für den Antrieb von Gasmaschinen frei. Es sind daher gewaltige Energiequellen verfügbar, und da die Berg- und Hüttenwerke meist weniger Kraft brauchen, als ihre Abgase liefern könnten, so liegt es nahe, den Überschuß nutzbringend an dritte, z. B. Gemeinden, Industriewerke, abzugeben; durch das Zusammenarbeiten der benachbarten Kraftzentralen und den Anschluß an größere elektrische Netze (Überlandzentralen) werden weitere große wirtschaftliche Vorteile erzielt. Infolge der gegenseitigen Unterstützung können die Kraftreserven in den einzelnen Werken eingeschränkt werden, durch Fortfall kleinerer Werke an Verwaltungskosten gespart und durch Verwendung größerer Maschineneinheiten die Anschaffungs- und Betriebskosten verbilligt werden. Dabei ist die Betriebssicherheit eine größere und die Belastung eine gleichmäßige. Diese Vorteile drücken sich in den billigen Strompreisen derartiger großer Werke aus, die unter gewissen Bedingungen bis zu einem Einheitspreis von 3 Pfg. pro KWStd. herabgehen.

In Zahlentafel 39 sind Betriebsergebnisse solcher Großgasmaschinen-Anlagen angeführt; leider sind derartige Angaben schwer erhältlich, da die meisten Werke erst jetzt beginnen, genauere Messungen auch über den Gasverbrauch anzustellen, der bei solchen Anlagen nicht die Bedeutung hat wie bei Generatorgasmaschinen, da die Gase als Abfallprodukte im Überschuß vorhanden sind. Wie die Zahlen, tafel erkennen läßt, sind die gesamten Betriebskosten äußerst gering- 1 Pfg. bis 2 Pfg., und man kann behaupten, daß solche Anlagen mit zu den billigsten Energiequellen gehören.

Bei Dieselmaschinenanlagen ist die wirkliche im Betrieb erzielte Wärmeausnutzung des Brennstoffes, siehe Zahlentafel 40 und Fig. 50 abgesehen von den kleineren Leistungen (50 PS) für alle Maschinengrößen fast gleich gut und beträgt ca. 31 %.

Die vorhandenen, übrigens geringen Schwankungen der Brennstoffkosten pro KWStd. erklären sich daher aus den verschiedenen Brennstoffpreisen.

Zahlentafel 39. Betriebsergebnisse.
Großgasmaschinenanlagen.

Maschineneinheiten	Brennstoff	Betriebskosten pro KW-Std.					
		Therm. Wirkungsgrad bezogen auf erzeugte KWStd.	Brennstoff ℳ/KWStd.	Lohn und Gehälter ℳ	Schmier-, Putz- und sonstiges Material ℳ	Reparatur und Gasreinigung ℳ	Summe ℳ
6 Gasgebläse 6400 PS 1 Gasgebläse 2000 » 1 Gasgebläse 2000 » 6 Gasdynamos 5200 » 1 Gasdynamo 1100 » 2 Gasdynamos 800 » 17500 PS	Hochofengas Heizwert 900 WE/cbm	0,214	0,675	0,255	0,097	0,083	1,11¹)
3 Gasmaschinen 600 PS 2 Gasmaschinen 600 » 1 Gasmaschine 600 » 2 Gasmaschinen 2800 » 2 Gasmaschinen 4000 » 1 Gasmaschine 2500 » 11100 PS	Hochofengas Heizwert 900 WE/cbm	—	0,6	0,22	0,36	0,32	1,5

¹) Nicht berücksichtigt: Wasser, von auswärts bezogene Reserveteile, Kraftbedarf für Wasserförderung, Gasreinigung; allgemeine Unkosten, Verzinsung, Amortisation.

Zahlentafel 40.　Betriebs-Ergebnisse im Jahresdurchschnitt.

Dieselmaschinen-Anlagen.

	Anlage besteht aus:	Maximale Dauerleistung der Maschine	Anlagekosten der maschin. Einrichtung pro KW max. Dauerleistung der Maschin. M/KW	Jährliche Maschinenleistung KWStd.	Wärmeausnutzung Thermischer Wirkungsgrad PSe in WE / Brennstoffwärme η_{th}	Betriebskosten Pfennig pro KWStd.				
						1 Brennstoff ₰	2 Schmier-Packungs- und Dichtungs-Material ₰	3 Gehälter und Löhne ₰	4 Unterhaltung ₰	5 Gesamte Betriebskosten (einschließlich nicht näher bezeichneter Angaben) ₰
1.	2 Maschinen je 50 PS . . .	∼ 75	—	97 567	0,266	4,0	0,6	2,5	—	7,5
2.	2 » » 100 PS . . .	∼ 148	695	204 197	0,306	3,27	0,45	3,54	0,45	7,7
3.	2 » » 100 und 200 PS	∼ 220	—	—	0,31	3,06	0,3	—	—	—
4.	2 Dieselmaschinen . . .	∼ 264	700	347 954	0,25	2,88	0,16	2,6	0,09	8,5
5.	2 Maschinen	∼ 330	580	—	—	2,64	0,57	4,5	1,1	11,9
6.	2 Dieselmaschinen . .	∼ 330	520	181 907	0,32	2,28	0,68	1,42	0,35	4,7
7.	3 Zwillingsmaschinen . .	∼ 440	—	389 787	0,313	3,05	0,34	2,56	—	5,95
8.	3 Vierzyl.-Maschinen je 300 PS	∼ 664	—	627 324	0,318	3,1	0,78	1,91	—	5,8
9.	3 » » » 300 PS	∼ 664	545	1 037 420	0,323	2,96	0,56	1,06	—	4,6
10.		1600 PS	—	2 694 500	0,305	1,06	—	—	—	—
11.		1600 PS	—	7 440 000	—	1,43	0,14	0,41	—	2,0 (Rußland)

Die spezifischen Kosten für Schmier-, Packungs- und Dichtungsmaterialien sind hier durchschnittlich etwas höher wie bei Gas- und Dampfmaschinenanlagen und steigen proportional mit der Jahresleistung der Anlage. Die Unterhaltungskosten der gutausgeführten Dieselmotoren sind unbedeutend und können nahezu vernachlässigt werden. Die spezifischen Aufwendungen für Gehälter und Löhne nehmen dauernd mit dem Anwachsen der Leistung ab; im allgemeinen hat man bei Dieselmaschinen mit hochwertigem, besser bezahltem Personal zu rechnen.

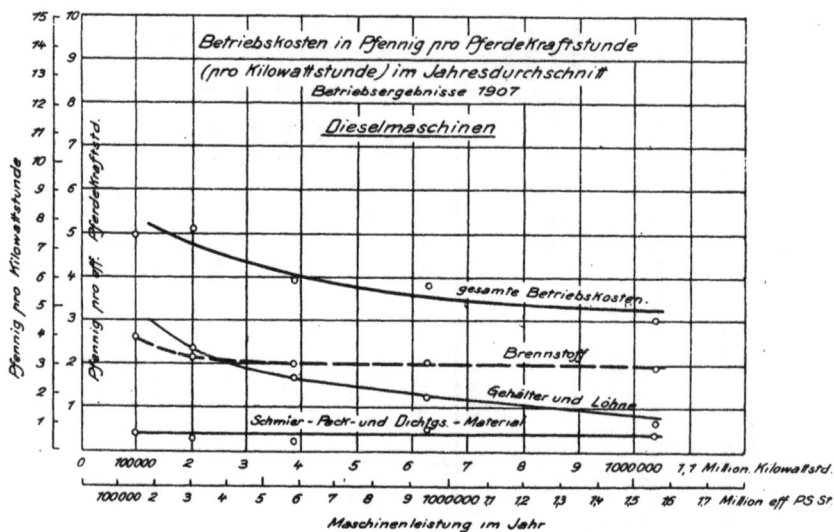

Fig. 50. Betriebsergebnisse von Dieselmaschinenanlagen.

Die Gesamtbetriebskosten betragen bei kleinen Anlagen 7,5 Pf. für die KWStd. und fallen bei einer jährlichen Leistung von 1 Million KWStd. auf 4,6 Pf. pro KWStd. Sie betragen bei größeren Leistungen nur etwa das 1,7 fache, bei kleineren etwas mehr als das Doppelte der Brennstoffkosten.

Stellt man des Vergleiches wegen die Brennstoff- und Gesamtbetriebskosten der drei Wärmekraftmaschinen nochmals zusammen (Fig. 51), so ergeben sich die geringsten Aufwendungen für den Brennstoff bei den Gasmaschinenanlagen, unter Mitberücksichtigung der übrigen unmittelbaren Kosten arbeiten aber die Dieselmotoren am billigsten, die Dampfkraftanlagen (wenn ohne Wärmeversorgung) stets am teuersten. Bei den größten Jahresleistungen, für welche

die Gas- und Dieselmaschinenanlagen in Betracht kommen, das sind
700 000—1 000 000 KWStd., ergeben sich bei den Dampfkraftanlagen
ca. 9 Pf., bei den Gasmaschinenanlagen ca. 6,5 Pf. und bei den
Dieselmaschinenanlagen ca. 5,0 Pf. als unmittelbare Gestehungskosten
für die KWStd.

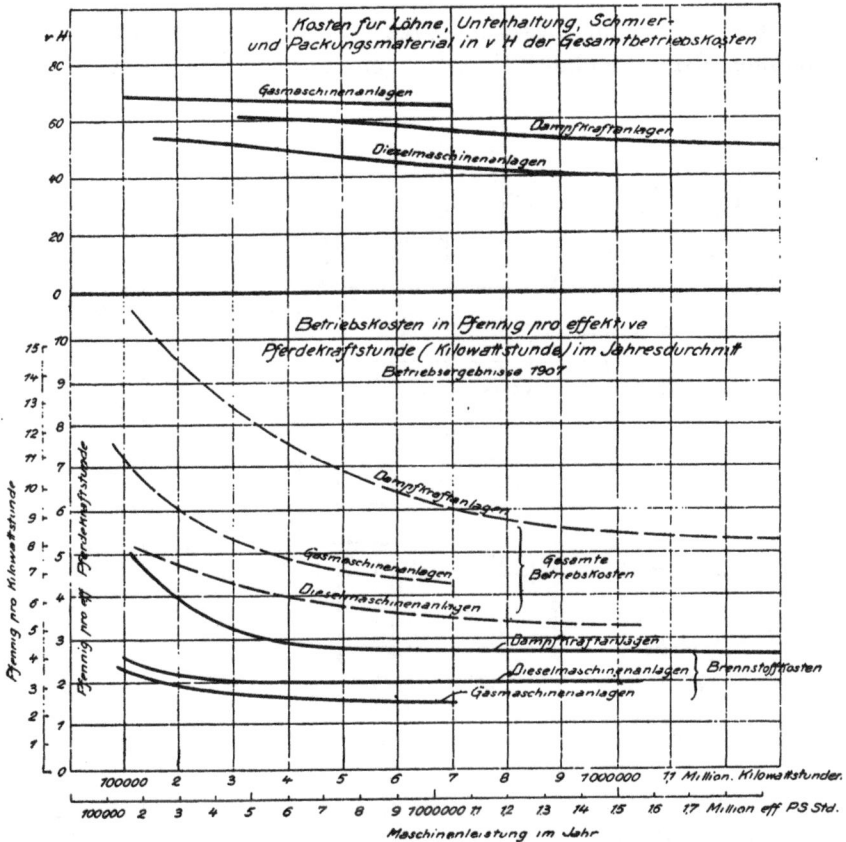

Fig. 51. Zusammenstellung der unmittelbaren Betriebskosten.

Aus Fig. 51 oben ergibt sich ferner, daß die Nebenkosten (für
Löhne, Unterhaltung, Schmier- und Packungsmaterial) prozentual,
in % der Gesamtbetriebskosten, bei den Dieselmaschinen am geringsten,
bei den Gasmaschinenanlagen am höchsten sind.

Es ergibt sich hieraus, daß der Dieselmotor unter den gegenwärtigen Verhältnissen und für die Leistungen, für welche Diesel-
anlagen in Betracht kommen, in bezug auf die unmittelbaren Betriebskosten wirtschaftlich am günstigsten abschneidet; er dürfte auch

dann mit Sauggasanlagen erfolgreich konkurrieren, selbst wenn diese mit billigen Braunkohlen, Braunkohlenbriketts oder Abfällen betrieben werden können, da es gelungen ist, ihn auch für billige Treiböle (Gasteeröl, Teeröl) geeignet zu machen, indem zur Einleitung der Verbrennung ein geringer Zündölzusatz (von ca. 5% des gesamten Brennstoffverbrauches bei Vollast) verwendet wird.

Die Ursache für dieses günstige Verhalten, das auch die rasche Zunahme der Dieselmaschinenanlagen und das Anwachsen der

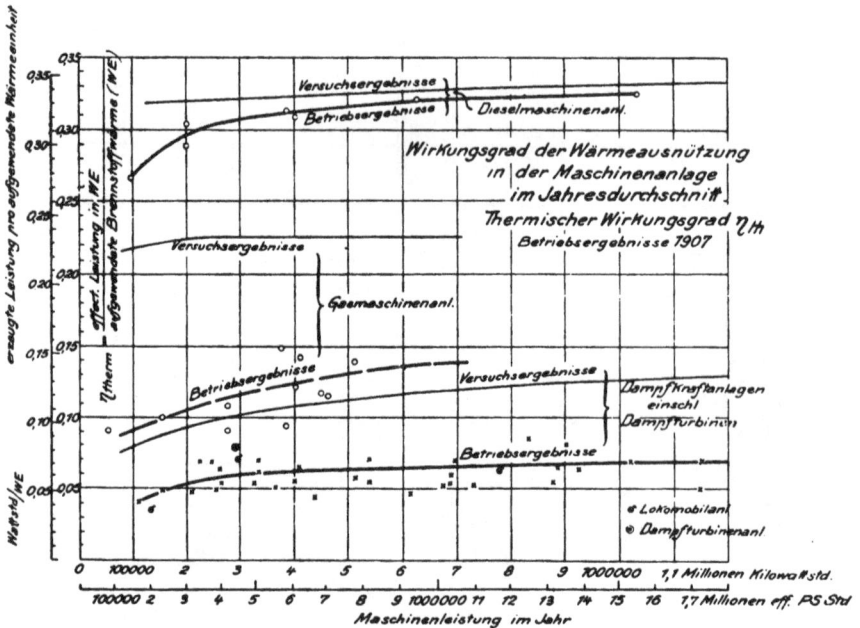

Fig. 52. Vergleich der Brennstoffausnutzung bei Versuchen und im Betriebe.

Leistungen der Maschineneinheiten mit erklärt, ist darin zu suchen, daß einerseits die erreichbare thermische Ausnutzung des Brennstoffes im Dieselmotor am höchsten ist, und daß anderseits die tatsächliche im Betrieb erzielte Wärmeausnutzung nahezu an die bei Versuchen ermittelte herankommt, während in dieser Hinsicht bei den Gas- und Dampfmaschinenanlagen die Abweichungen der Betriebsergebnisse von den Versuchsresultaten sehr erheblich sind.

Sehr deutlich kommt dies durch die Fig. 52 zum Ausdruck, in welcher der in den verschiedenen Maschinensystemen erreichte Wirkungsgrad der Wärmeausnutzung für steigende Jahresleistung auf Grund von Versuchs- und von wirklichen Betriebsergebnissen zusammengestellt ist. Man sieht, daß bei Dieselmaschinenanlagen die Abweichungen zwischen Versuchs- und Betriebsergebnissen nur etwa 1 % betragen, und daß die Brennstoffausnutzung, abgesehen von den kleinsten, bei allen Leistungen nahezu konstant ist. Am größten sind die Verschiedenheiten in der Brennstoffausnutzung zwischen Versuch und Betrieb bei den Gasmaschinenanlagen, was sich ja durch die Verluste beim Anblasen und während der Ruhe und durch das ungünstige Verhalten dieser Maschinen bei geringen Belastungen ohne weiteres erklärt. Der Unterschied in der Ausnutzung zwischen Versuch und Betrieb beträgt bei 600 000 KWStd. Jahresleistung 23 % gegenüber 14 %. Bei den Dampfkraftanlagen nimmt die Wärmeausnutzung der Brennstoffe nach Versuchsergebnissen mit der Jahresleistung etwas rascher zu als nach den Betriebszahlen, so daß sich bei der Jahresleistung von 1 Million KWStd. ein Unterschied in der Ausnutzung entsprechend 12,5 % gegenüber 7 % ergibt. Die Abweichungen bei den Dampfkraftanlagen sind daher ebenso erheblich als wie bei den Gaskraftanlagen, was nach dem oben über die Wichtigkeit der Art der Bedienung usw. Gesagten verständlich ist.

Die festgestellten erheblichen Abweichungen in der Wärmeausnutzung nach Versuch und im Betrieb haben bei den Gasmaschinen, wie bereits oben erwähnt, ihre Ursache in den Verlusten während der Ruhepause und beim Inbetriebsetzen sowie in dem ungünstigen Verhalten bei Belastungen unter normal, während sie bei den Dampfkraftanlagen hauptsächlich in Wärmeverlusten durch Strahlung, Leitung und Kondenswasserabführung sowie infolge unrationeller Kesselbedienung, beim Anheizen und Betrieb mit geringer Belastung liegen.

Zur näheren Aufklärung dieser Verluste im praktischen Betriebe soll im Folgenden kurz eine Unterteilung derselben, wie sie sich in einem großen Elektrizitätswerk und in einem umfangreichen Heizungsbetrieb einstellen, gegeben werden. Im Kesselbetrieb ist die Verteilung der Belastung der Zeit nach von großer Bedeutung. Bei Elektrizitätswerken mit reinem Lichtbetrieb tritt in den Abendstunden eine Belastung ein, die zum Tagesbedarf oft in gar keinem Verhältnis steht. In Abbildung 53 ist die Kesselleistung am Tage der maximalen Belastung für ein großes Elektrizitätswerk Berlins dargestellt. Von den 40 Kesseln ist nur einer dauernd im Betrieb, alle andern werden in Zwischenräumen von Viertel- zu Viertelstunden ein- und ausgeschaltet; dabei beträgt die maximale

Leistung, die nur während eines kurzen Zeitraumes zwischen 4 und
7 Uhr abends eintritt, das 25 fache der minimalen und das 2,2 fache
der mittleren Belastung. Infolge dieser Schwankungen entstehen
größere Verluste, die sich je nach der Zeitdauer des Inreservestehens
und dem Belastungsgrade der einzelnen Kessel (äußere Wärmeverluste, Undichtigkeiten) richten. Große Elektrizitätswerke rechnen
in dieser Beziehung mit Verlusten von 3—8 % des Kohlenverbrauches,

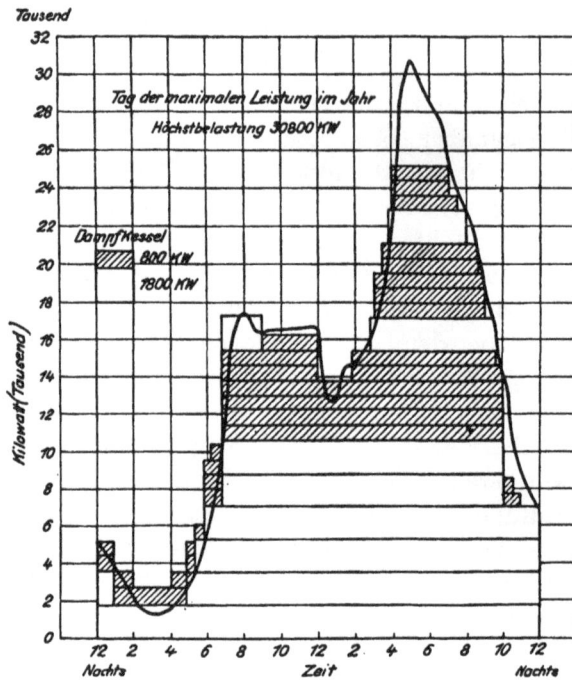

Fig. 53. Belastung der Kesselanlage eines großen Elektrizitätswerkes am Tage der maximalen Leistung.

und es ist sicher, daß in vielen Betrieben noch wesentlich höhere
Verluste eintreten. In Abbildung 54 ist ferner als Beispiel die Belastung einer großen Heizzentrale an einigen Wintertagen dargestellt. Der Dampfverbrauch sowie der Kohlenverbrauch schwanken
in weiten Grenzen (vgl. Abbildung), dem entsprechend ist die Anzahl
der in Betrieb befindlichen Kessel, wie Abbildung 55 zeigt, sehr verschieden. Das Maximum tritt in diesem Betriebe beim Anheizen in
den Morgenstunden ein, während in der Nacht fast kein Verbrauch
stattfindet. Von den 14 Kesseln, die täglich in Betrieb kommen, sind
während der Nacht nur zwei erforderlich. Zwölf Kessel werden täglich,

und zwar stundenweise, ein- und ausgeschaltet. Es sind hier also ähnliche Verhältnisse, wie in dem oben angeführten Elektrizitätswerk, nur mit dem Unterschied, daß die Zeiten der Maxima verschiedene sind; es wird klar, daß bei einer Verquickung von Heiz- und Kraftbetrieb, die schon aus Gründen der besseren Wärmeausnutzung erwünscht

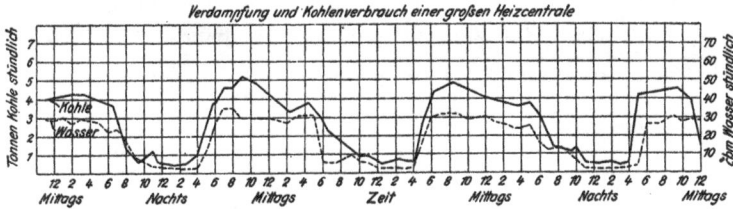

Fig. 54. Dampf- und Kohlenverbrauch einer großen Heizzentrale.

wäre, die Betriebsverhältnisse infolge der Verbesserung des Belastungsgrades wesentlich günstiger würden.

Eine weitere Verlustquelle ist im Kesselbetrieb durch den Dampfverbrauch für die Hilfsmaschinen, Speisepumpen usw. bedingt. Bei großen Elektrizitätswerken wird dafür ein Betrag von 0,5—1% des Kohlenverbrauches eingesetzt.

Für die Kondensations- und Undichtigkeitsverluste der Dampfleitungen werden 2—3½% des Kohlenverbrauches angenommen, wobei die Leitungen verhältnismäßig kurz und dabei Tag und Nacht im Betriebe sind. In Anlagen, bei welchen die Leitungen umfangreich und nicht dauernd benutzt sind, werden diese Verluste weit höhere

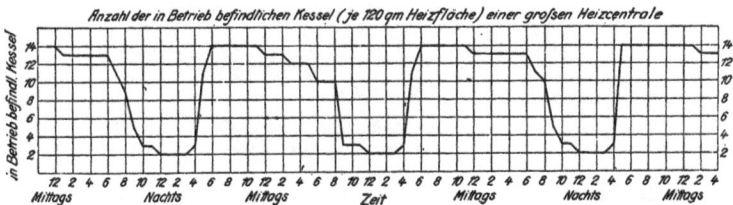

Fig. 55. Belastung der Kesselanlage einer großen Heizzentrale.

sein. Es ist bei diesen Verhältnissen also mit einem Gesamtverlust im praktischen Betriebe von rd. 12% des Kohlenverbrauches und mehr zu rechnen. Dazu kommt, daß die bei Versuchen erzielten Werte meist bei reinen Kesseln, normaler Belastung und aufmerksamer Bedienung der Feuerung erreicht sind und daher zu den Versuchswerten von vornherein ein Zuschlag (5% und mehr)

zu machen ist, um den veränderten Verhältnissen im Betriebe
Rechnung zu tragen.

Ebenso treten im praktischen Maschinenbetriebe Verluste
ein, die bei Versuchen nicht berücksichtigt werden; dieselben
schwanken entsprechend den Eigentümlichkeiten der einzelnen Betriebe ganz außerordentlich, es lassen sich daher keine für allgemeine
Verhältniss gültige Zahlen nennen; es sei jedoch angeführt, daß

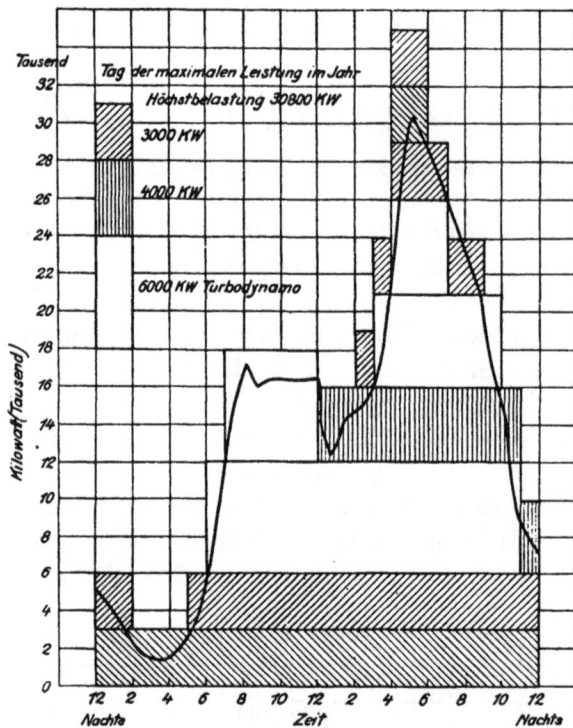

Fig. 56. Belastung der Maschinenanlage eines großen Elektrizitätswerkes am Tage der maximalen Leistung.

z. B. ein großes Elektrizitätswerk für das Reservestehen der Maschinen
1,2 % des Kohlenverbrauches rechnet und außerdem für ungleich-
mäßige Belastung, sowie für die zum Betrieb der Hilfsmaschinen,
Kondensationspumpen usw. verbrauchte Energie einen Zuschlag macht,
der auf Grund von Hilfsversuchen und Betriebserfahrungen bestimmt
wird. Abbildung 56 zeigt die Belastungskurve und Einteilung des
Maschinenbetriebes in demselben Elektrizitätswerk, dessen Kesselleistung in Abbildung 53 dargestellt ist. Nur eine Maschine läuft die
ganze Betriebszeit durch, während die übrigen Einheiten im Laufe

von 24 Stunden stundenweise vierzehnmal zu- und abgeschaltet werden. Bei einem solchen Betriebe kommt die schnelle Betriebsbereitschaft der Dampfturbine zur Geltung, die innerhalb weniger Minuten, vom Stillstand an bis zur Vollbelastung gerechnet, angelassen werden kann, im Gegensatz zu den Kolbenmaschinen, die ein längeres Anheizen und umständliche Manöver bis zum Anfahren und Belasten nötig machen. Es sind die angeführten Zahlen aus dem praktischen Betriebe deswegen von Interesse, weil selten darüber zuverlässige Angaben erhältlich sind, wohl hauptsächlich aus dem Grunde, weil trotz der großen Wichtigkeit, noch selten selbst in Großbetrieben ensprechende Meßeinrichtungen getroffen sind.

Im Fall die Krafterzeugungsanlage mit einer Heizungsanlage kombiniert ist, kann sich bei günstigen Betriebsverhältnissen das wirtschaftliche Bild zugunsten der Dampfmaschinenanlagen verschieben. Wenn der Auspuffdampf der Dampfmaschinen für Heizzwecke in Fabriken etc. stets und vollständig ausgenutzt werden kann, dann ist unter allen Umständen die Dampfkraftanlage die günstigste. Namentlich für städtische Elektrizitätswerke ergibt die Verbindung von Elektrizitätswerk mit andern städtischen industriellen Betrieben, Badeanstalten, Eisfabrik, Kanalisationspumpwerk oder Wasserwerk unter Ausnutzung der Abwärme nicht nur eine Verminderung der Verwaltungskosten, sondern insbesondere eine gewaltige Ersparnis an Betriebskosten, insbesondere für Brennmaterial, so daß es eigentlich nicht zu verstehen ist, warum sich diese Anlagen so zögernd einführen. Auch bei teilweiser Ausnutzung des Abdampfes schneiden die Dampfmaschinen noch günstig ab, wenn dieser Teil der Wärmeausnutzung ein gewisses Maß nicht unterschreitet. Dient eine solche kombinierte Heizungs- und Kraftanlage aber beispielsweise für die Energieversorgung eines Geschäftshauses, dann ist die Grenze für die wirtschaftliche Heizungsausnutzung schon überschritten, denn in diesem Falle muß die Dampfanlage im Sommer mit Kondensation arbeiten, also mit höheren Verbrauchszahlen wie die Verbrennungskraftmaschinen; und im Winter läßt sich nur selten der gesamte Abdampf für Heizzwecke ausnutzen. In der Regel müssen die Geschäftshäuser von morgens 6 Uhr ab, wo Maschinenbetrieb noch nicht im Gange ist, mit direktem Dampf vorgeheizt werden, und bei der Hauptbeanspruchung des Maschinenbetriebes in der Lichtperiode während den Abendstunden zwischen 4—8 Uhr fällt auch die Ausnutzung des Abdampfes weg, da dann das Gebäude bereits vollständig durchgeheizt ist.

Die Erfahrung zeigt daher auch, daß Kraftwerke für vornehmlich Lichtzwecke, die mit Generatorgas- oder Dieselmotoranlagen und besonderen Heizeinrichtungen ausgestattet sind, ebenso wirtschaftlich arbeiten wie Dampfanlagen, bei denen die Heizung zum Teil durch Auspuffdampf bewirkt wird. Beispielsweise wurden im Jahr 1907 an direkten Betriebskosten in einem Geschäftshaus mit Sauggasanlage und mit getrennter Heizungseinrichtung im Mittel pro KWStd. einschließlich Heizung 10,5 Pf. aufgewendet, während bei einer noch dazu wesentlich größeren Dampfkraftanlage eines andern Geschäftshauses, wobei die Heizung so weit als möglich durch Auspuffdampf bewirkt wird, die Aufwendung pro KWStd. an direkten Betriebskosten einschließlich Heizung 10,8 Pf. betrug.

Es ist also in jedem Fall eine genaue Nachprüfung der Verhältnisse bei Entwürfen von kombinierten Heiz- und Kraftwerken erforderlich.

Die unmittelbaren Betriebskosten, die soeben gekennzeichnet wurden, sind noch um die Zinsen und die Amortisation des Anlagekapitals — das sind die mittelbaren Betriebskosten — zu erhöhen, um ein endgültiges wirtschaftliches Bild zu erhalten. Die Brennstoffkosten betragen daher nur einen Bruchteil der gesamten d. h. unmittelbaren und mittelbaren Betriebskosten. Nehmen wir beispielsweise ein Elektrizitätswerk mit einer Dampfanlage heraus, dessen maschinelle Einrichtung 252000 M., samt Grundstück und Gebäude, Schornstein 439000 M. kostet, so beträgt pro Kilowattstunde der Anteil von Verzinsungsund Amortisationskosten 4,3 Pf., die Gesamtbetriebskosten einschließlich dieser Quoten 9 + 4,3 = 13,3 Pf., davon fallen auf die Brennstoffkosten 3,8 Pf., also ein Viertel.

Bei dieser Sachlage erkennt man, daß es für das wirtschaftliche Endergebnis nicht von ausschlaggebender Bedeutung ist, ob beispielsweise Dampfmaschinen einen um einige Zehntel kg pro PS_i und Stunde geringeren Dampfverbrauch bei Abnahmeversuchen aufweisen oder nicht. Gerade bei Dampfmaschinenanlagen kommen noch so viele andere Gesichtspunkte in Betracht, die das wirtschaftliche Ergebnis weit mehr beeinflussen als die aufs äußerste getriebene, häufig nur mit Mühe und mit den 5 % Toleranz herauszuholende Dampfgarantie, daß es für das wirtschaftliche Endergebnis tatsächlich gleichgültig ist, ob der garantierte spezifische Dampfverbrauch der Maschine um einige Zehntel Kilogramm variiert. Es ist wirtschaftlich viel wichtiger, bei Dampfkraftwerken eine in bezug auf die

Verminderung der Wärmeverluste richtig durchgebildete Anlage zu schaffen, diese rationell zu betreiben und eine sorgfältig und betriebs‌sicher ausgebildete Maschine zu besitzen, die geringe Unterhaltung erfordert, als diese nur nach dem Gesichtspunkte der niedersten Dampfgarantie auszuwählen.

Infolge des wirtschaftlichen Wettkampfes im Dampfmaschinen‌bau ist sehr zum Nachteil der Werkbesitzer ein Herumreiten auf Garantiezahlen eingerissen, über denen häufig viel wichtigere For‌derungen des Betriebes übersehen werden, und die für das wirt‌schaftliche Endergebnis nicht die Bedeutung besitzen, die ihnen von interessierter Seite zugeschrieben wird.

Aus den gleichen Gründen ist es deshalb für das wirtschaft‌liche Betriebsergebnis nicht von erheblicher Bedeutung, wenn eine Dampfkraftanlage bei Abnahmeversuchen pro PS_i/Std. einige Zehntel Kilogramm weniger Kohle von besonderer Güte, die für den Betrieb nicht in Betracht kommt, verbraucht, wie eine andere; wenn dies als Rekord oder in anderen Ausdrücken gepriesen wird, so hat dies wohl Wert für Reklame, beweist aber noch nichts für das wirt‌schaftliche Endergebnis der Krafterzeugung im praktischen Betrieb.

Es ist daher wiederholt darauf hinzuweisen, daß bei Dampf‌kraftanlagen eine rationell und einheitlich gebaute und betriebene, betriebssichere Gesamtanlage ein besseres wirtschaftliches Ergebnis verspricht als auf die Spitze getriebene Einzelgarantien, die nur bei Versuchen und mit Mühe erreicht werden, und die keine sichere Gewähr dafür bieten, daß das praktische wirtschaftliche Betriebs‌resultat ihnen entspricht.

Was durch Handhabung des Betriebes bei Dampfkraftanlagen erzielt werden kann, ergibt sich aus folgendem Beispiel. In einem englischen Elektrizitätswerk (Blackburn)[1]) ist durch Verbesserung der Anlage bei dauernder Kontrolle in einem Zeitraum von 3 Jahren der Verbrauch an Brennstoff von 4,54 kg/KWStd. auf 2,73 kg/KWStd. zurückgegangen, also eine Ersparnis von 40 % erzielt worden. Als Maßnahmen, die diese Ersparnis herbeiführten, werden angegeben: gründliches Nachsehen der Dampfleitung, Verbesserung der Ent‌wässerung, die Hauptabsperrventile der Maschinen wurden möglichst nahe an die Dampfleitung gesetzt, die Ringleitung abgeschafft, die Ausstrahlungsoberflächen allgemein stark verkleinert. An den Kesseln wurden bessere Zugabsperrorgane eingebaut, die Einmaue-

---

[1]) Engineering, 1. Jan. 1909.

rung in guten Stand gesetzt und die Verbrennung durch Analysen
kontrolliert.

Durch eine Dauerprobe von 168 Stunden wurde schließlich ein
Verbrauch von 2,34 kg Kohle/KWStd. und 15,35 kg Dampf/KWStd.
ermittelt. Wenn dieser immer noch zu hoch ist, so liegt dies an
den Einrichtungen der älteren Anlage; das Ergebnis zeigt aber, was
man durch rationellen Betrieb bei Dampfanlagen erreichen kann.

IV. Anlagekosten.

Ich habe davon Abstand genommen, die Vervollständigung der
Gesamtkosten der Krafterzeugung durch Hinzufügen der Verzinsungs-
und Amortisationsanteile allgemein durchzuführen. Es lassen sich
kaum allgemeine Angaben über die Gestehungskosten der Maschinenanlagen machen, da diese sowohl von den örtlichen Verhältnissen
wie auch von der Marktlage abhängig sind. Immerhin sind in den

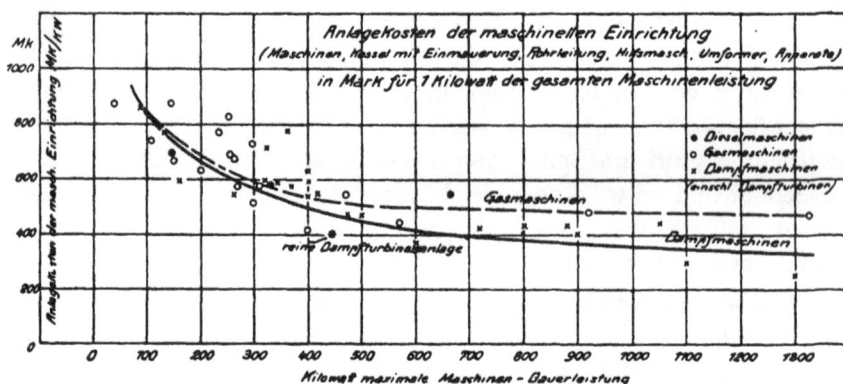

Fig. 57. Anlagekosten der maschinellen Einrichtung in Mark für 1 Kilowatt Maschinenleistng.

Zahlentafeln 33—40 die Anlagekosten der betreffenden Kraftwerke
für die gesamten maschinellen Einrichtungen einschließlich der elektrischen Anlagen, soweit sie die Zentrale angehen, pro KW mit angegeben. Die Preise enthalten die Maschinen, Kessel mit Einmauerung
bzw. Generatoren mit Hilfsapparaten, Rohrleitungen, Hilfsmaschinen,
Umformer etc.; nicht enthalten sind die Kosten des Grundstückes,
Gebäudes, der Transformatoren, Akkumulatorenbatterie, der Kabel etc.
Für Dampf- und Sauggaskraftanlagen sowie für einzelne Dieselmotoranlagen sind diese Werte in Fig. 57 graphisch dargestellt.

Diese Darstellung, auf die maximale Dauerleistung der Maschinen bezogen, ergibt, daß Dampf- und Gaskraftanlagen bei einer Maschinengröße von 100 KW etwa die gleichen Anlagekosten erfordern, die mit steigender Maschinenleistung bei den Dampfanlagen rascher als bei den Gaskraftanlagen abnehmen. Von etwa 600 KW maximale Maschinenleistung an bleiben die Kosten der Gaskraftanlagen pro KW-Dauerleistung fast unverändert.

Bei großen Dampfturbinen-Anlagen gehen diese für die maschinelle Einrichtung aufzuwendenden Kosten bis auf 200 M für das KW herunter, da diese Maschinen in der Größe der Einheiten fast unbeschränkt sind.

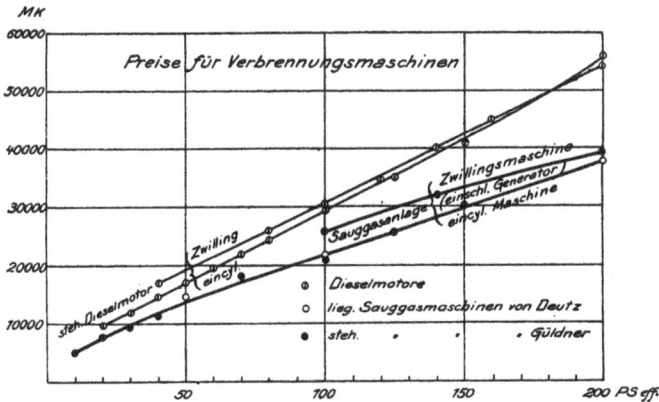

Fig. 58. Preise für Verbrennungsmaschinen.

Anlagen mit Dieselmotoren stehen im Preise noch etwas höher wie solche mit Gasmaschinen. Es liegt dies teils daran, daß die Dieselmotoren schwer und sehr sorgfältig ausgeführt werden müssen, teils daran, daß sie an sich gut bezahlt werden, während bei Dampf- und Gasmaschinen häufig das Gegenteil der Fall ist.

Für Verbrennungsmaschinen sind die Anschaffungskosten der Kraftanlagen allein (ohne elektrische Anlagen) besonders im Schaubild Fig. 58 zusammengestellt. Die Dieselmotoren sind durchwegs teurer wie Sauggasanlagen, und zwar wird von einer gewissen Leistung ab der Zwillings-Dieselmotor billiger wie der Einzylindermotor; bei Sauggasanlagen sind die Anlagekosten der Zweizylindermaschinen höher wie die von einzylindrigen Maschinen; bei Leistungen über 200 PS findet auch hier eine Annäherung der Preise statt.

Die Preise von kleineren Motoren für flüssige Brennstoffe ergeben sich aus Fig. 59 unten. Zum Vergleich sind einige Werte

von Sauggasanlagen und Dieselmotoren mit aufgenommen. Die Preise
der Benzin- etc. Motoren liegen wegen des Wegfalls des Generators und
der Reiniger unter denen der Sauggasanlagen und infolge ihrer größeren
baulichen Einfachheit erheblich unter denen des Dieselmotors normaler

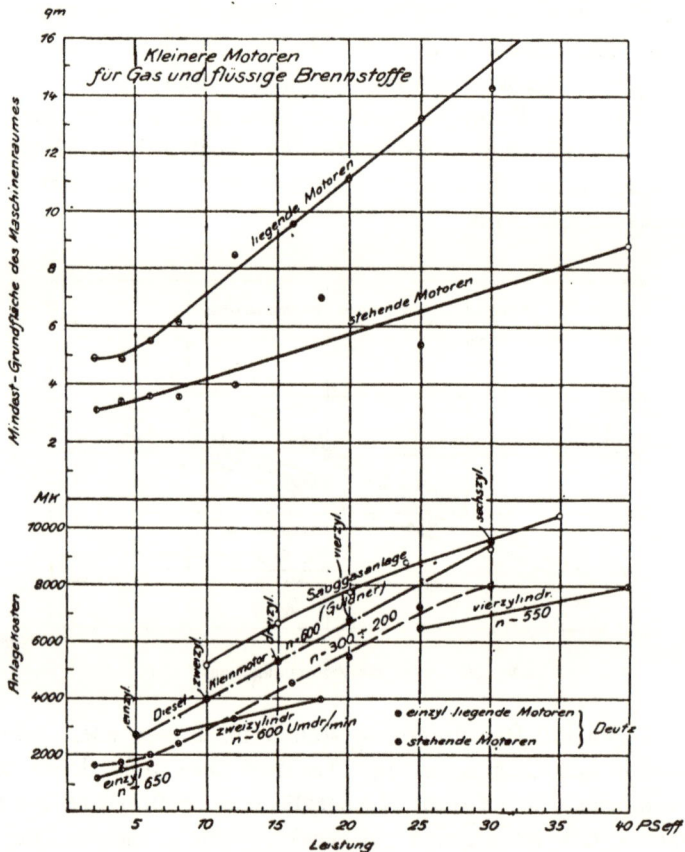

Fig. 59. Raumbedarf und Anlagekosten von kleineren Verbrennungsmaschinen.

Bauart. Bei gewissen Leistungen werden die Zweizylinder- bzw. die
Vierzylindermotore billiger wie der einzylindrige, da die Drehzahlen
der mehrzylindrigen Motore höher sind wie die des Einzylinder-
motors, die Schwungradgewichte kleiner werden. Neuerdings werden
kleine schnellaufende Dieselmaschinen (von 5 PS aufwärts), sogenannte
Dieselkleinmotore, in Handel gebracht (s. S. 86), deren Preise, wie
Abb. 59 erkennen läßt, sich denen der Benzinmotore nähert.

V. Anordnung und Raumbedarf von ausgeführten Kraftanlagen.

Wenn die Raumverhältnisse weder beschränkt sind, noch infolge hoher Grundwerte eine weitgehende Ausnutzung verlangen, wird man die Kessel und Maschinen der Dampfkraftanlagen in besonderen Räumen (Gebäuden) unterbringen und diese möglichst nahe zusammenlegen. Bei ungünstigen örtlichen Verhältnissen oder wenn eine weitgehende Raumausnutzung geboten erscheint, kann man Dampfkraftanlagen innerhalb von Gebäuden in Kellern und im Erdgeschoß oder in unterkellerten Höfen unterbringen, vorausgesetzt, daß man solche Kessel verwendet, die unter bewohnten Räumen aufstellbar sind. Namentlich das Unterbringen von Kraftanlagen in unterkellerten Höfen wird in Großstädten häufig ausgeführt, da die hierdurch beanspruchte Fläche nicht als bebaute Grundfläche gerechnet wird.

Trotzdem Sauggasanlagen im Gegensatz zu Dampfkesselanlagen keiner Konzession bedürfen, so wird doch, insbesondere in Berlin, ihre Unterbringung in bewohnten Gebäuden, Kellern u. dgl. durch die Baupolizei sehr erschwert. Beispielsweise dürfen in Berlin Generatoranlagen nicht tiefer als 2 m unter der Erdoberfläche aufgestellt werden, und sie müssen in einem Raum gelegen sein, der unmittelbar an die Straße oder einen Hof grenzt und mit großen Fenstern versehen ist, so daß der Raum natürlich belichtet und belüftet werden kann. Dieser Umstand und das günstigere wirtschaftlichere Verhalten der Dieselmaschinen hat den Absatz an Sauggasmaschinen erheblich zu Gunsten der ersteren zurückgedrängt.

Dieselmaschinenanlagen unterliegen gar keinen Beschränkungen.

Während die Aufstellung von Maschinen in eigenen Maschinenhäusern auf besonderen, von den Gebäudefundamenten getrennten Fundamenten in bezug auf das Gebäude keine Schwierigkeiten macht, liegen die Verhältnisse anders, wenn Maschinen in Keller- oder anderen Räumen von bewohnten Gebäuden untergebracht werden müssen. In diesem Fall ist eine Fernwirkung des Maschinenbetriebs auf das Gebäude zu gewärtigen, und diese muß durch geeignete bauliche Anordnung verhindert oder wenigstens nach Möglichkeit eingeschränkt werden.

Am störendsten sind die Fernwirkungen der Gasmaschinen, die auch die größten Fundamentmassen erfordern. Insbesondere

liegende Gasmaschinen verlangen sehr schwere Fundamente, stehende
Gasmaschinen (Güldner) brauchen weniger, nur etwa $^2/_3$ der Fundament-
masse der liegenden Maschinen. Fast ebensowenig beliebt in dieser
Beziehung sind die schnell laufenden Dampfmaschinen. Um die Fernwirkung dieser Maschinen nach Möglichkeit zu beschränken, müssen
die Fundamentmassen reichlich gewählt werden, selbstverständlich
von den Gebäudefundamenten vollständig getrennt sein und zweckmäßig auf einer weichen Unterlage (Kork, Eisenfilz, Sand) aufgebaut
sein. Die Fundamente der Dieselmotoren der Anlage Tietz, Alexander-
platz, Berlin, die in der Unterkellerung eines Hofes untergebracht
sind, stehen auf weichem Sand, die Zwischenräume zwischen Fundament und Umfassungsmauern sind zum Teil auch mit Sand aus-
gefüllt, dem Grundwasser ist freier Zutritt ermöglicht, so daß der
Sand stets unter Wasser steht; Fernwirkungen sind vermieden.
Neuerdings stellt man zur Vermeidung von Fernwirkungen die
Maschinen auch auf elastische Böcke, die zwischen Maschine und
Fundament eingeschaltet werden und deren Elastizität einregelbar ist.

Die Aufstellung von in Gebäuden angeordneten Maschinen erfordert daher besondere Vorsicht, sie kann aber, wenn mit der
nötigen Sachkenntnis ausgeführt, so durchgeführt werden, daß Er-
schütterungen und Vibrationen im Gebäude und auf den Nachbar-
grundstücken sich nicht bemerkbar machen.

Wesentlich günstiger in bezug auf die Fundamentierung verhalten sich die Dampfturbinen, vorausgesetzt, daß die Räder gut
ausgeglichen sind.

Der Raumbedarf von Dampfkraftanlagen bei Verwendung von
Turbinen wird gegenüber dem bei Kolbenmaschinen erheblich eingeschränkt. Beispielsweise ist in Fig. 60 der Maschinenraum des
Elektrizitätswerkes Eberswalde dargestellt, welches nur Dampfturbinen,
und zwar 2 A.E.G.-Turbinen von je 220 KW Leistung besitzt. Fig. 61
stellt das zugehörige Kesselhaus dar. Die Wahl der Dampfturbinen
ist hier nicht wegen ihres geringeren Raumbedarfs erfolgt, da für
Maschinen- und Kesselanlage ein besonderes Gebäude errichtet werden
konnte und genügend Platz auch für Kolbenmaschinen hätte geschaffen werden können. Fig. 62 stellt das ebenfalls mit Turbinen
ausgerüstete Elektrizitätswerk Hildesheim dar, in welchem vorläufig
zwei Parsonsturbinen von je 200 KW und eine A.E.G.-Turbine von
300 KW aufgestellt sind. Man erkennt die gedrängte Aufstellung
und die vorzügliche Raumausnutzung durch die Turbinen.

Fig. 60. Elektrizitätswerk Eberswalde (2 Dampfturbinen à 220 KW).

Fig. 61. Kesselhaus des Elektrizitätswerkes Eberswalde.

In Fig. 63—65 ist beispielsweise die Anlage eines mittleren Dampfturbinen-Kraftwerkes dargestellt; es ist daraus zu ersehen, daß das Kesselhaus einen größeren Raum einnimmt als die Maschinenhalle, zum Unterschied von den Kolbenmaschinenanlagen, bei welchen das Gegenteil Regel war.   Um dieses Mißverhältnis zu beseitigen, werden in Großturbinenkraftwerken daher jetzt vielfach Hochleistungskessel (Babcock-Wilcox, Garbe, Stirling) aufgestellt.

Auch die Lokomobilen ermöglichen gegenüber dem erheblichen Raumbedarf der gewöhnlichen Verbundkolbenmaschinen eine gedrängte Aufstellung, wie Fig. 66 und 67 erkennen lassen. Es ist dies das

Fig. 62. Elektrizitätswerk Hildesheim (2 Parsonsturbinen à 200 KW,
1 A.E.G.-Turbine á 300 KW).

Elektrizitätswerk Lahr in Baden, welches außer einer vordem in einem andern Werk aufgestellt gewesenen Verbundmaschine von 600 PS zwei Heißdampflokomobilen von je 117—140 PS besitzt. Fig. 67 zeigt die beiden Lokomobilen von der Rauchkammerseite mit den durch Riemen angetriebenen Dynamos.

Ein interessantes, ausschließlich mit Lokomobilen betriebenes größeres Kraftwerk ist das Elektrizitätswerk für Licht und Kraft der Firma Heinrich Lanz, Mannheim, dessen Heizraum in Fig. 68 veranschaulicht ist.   Die Lokomobilen stehen in einer Reihe und treiben mittels Riemen die auf einem Zwischengeschoß stehenden Dynamos an.   Im Vordergrund ist als größte Einheit eine ca. 1000 PS-

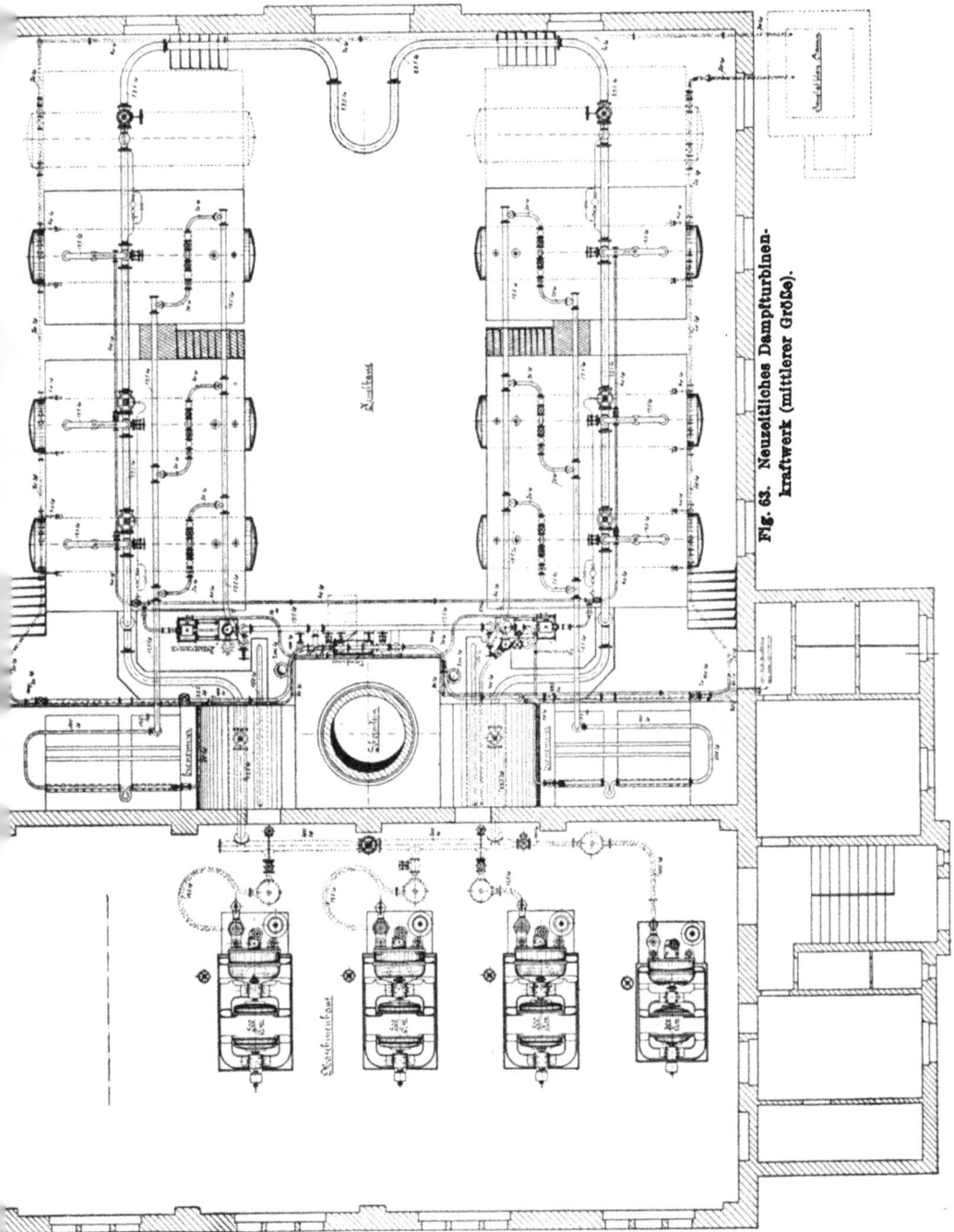

Fig. 63. Neuzeitliches Dampfturbinen-kraftwerk (mittlerer Größe).

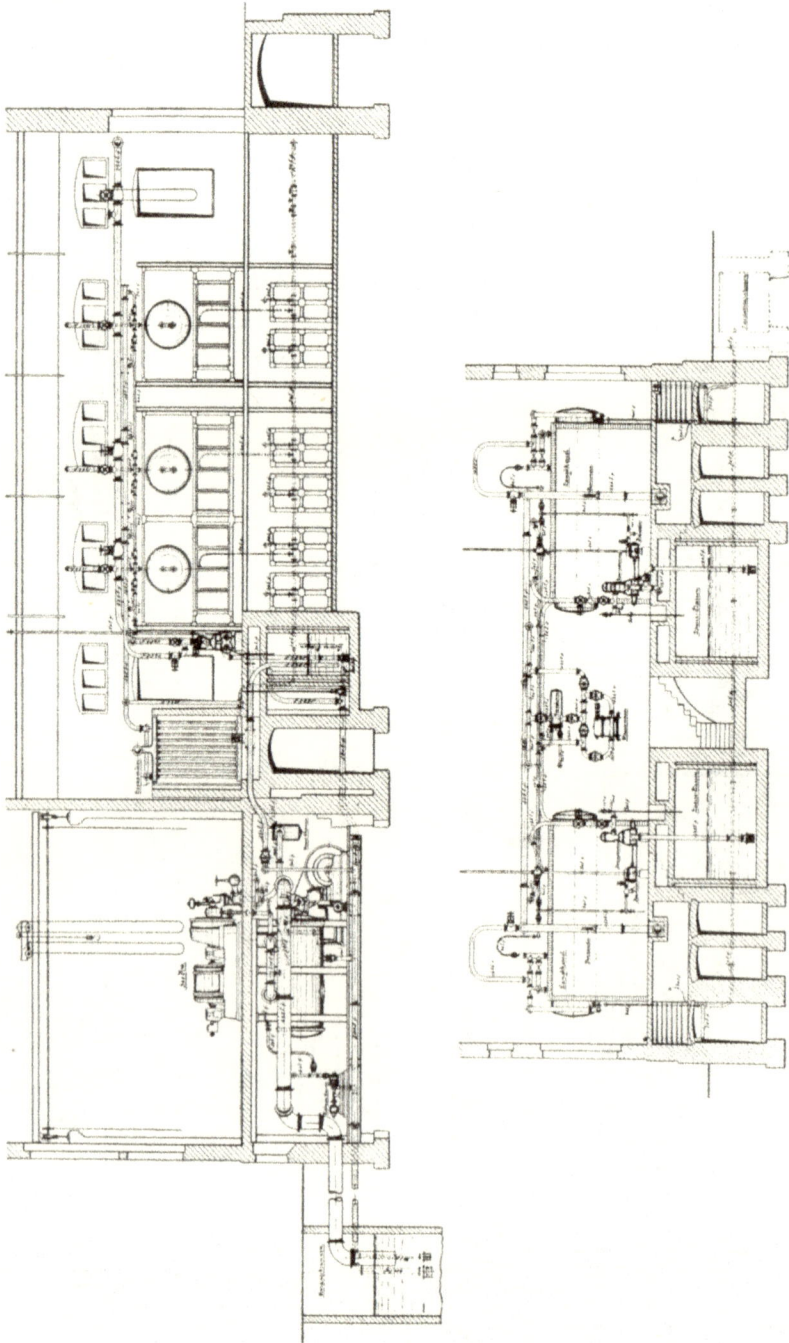

Fig. 64 und 65. Neuzeitliches Dampfturbinenkraftwerk (mittlerer Größe).

Fig. 66. Elektrizitätswerk Lahr i. B.

Fig. 67. Elektrizitätswerk Lahr i. B.

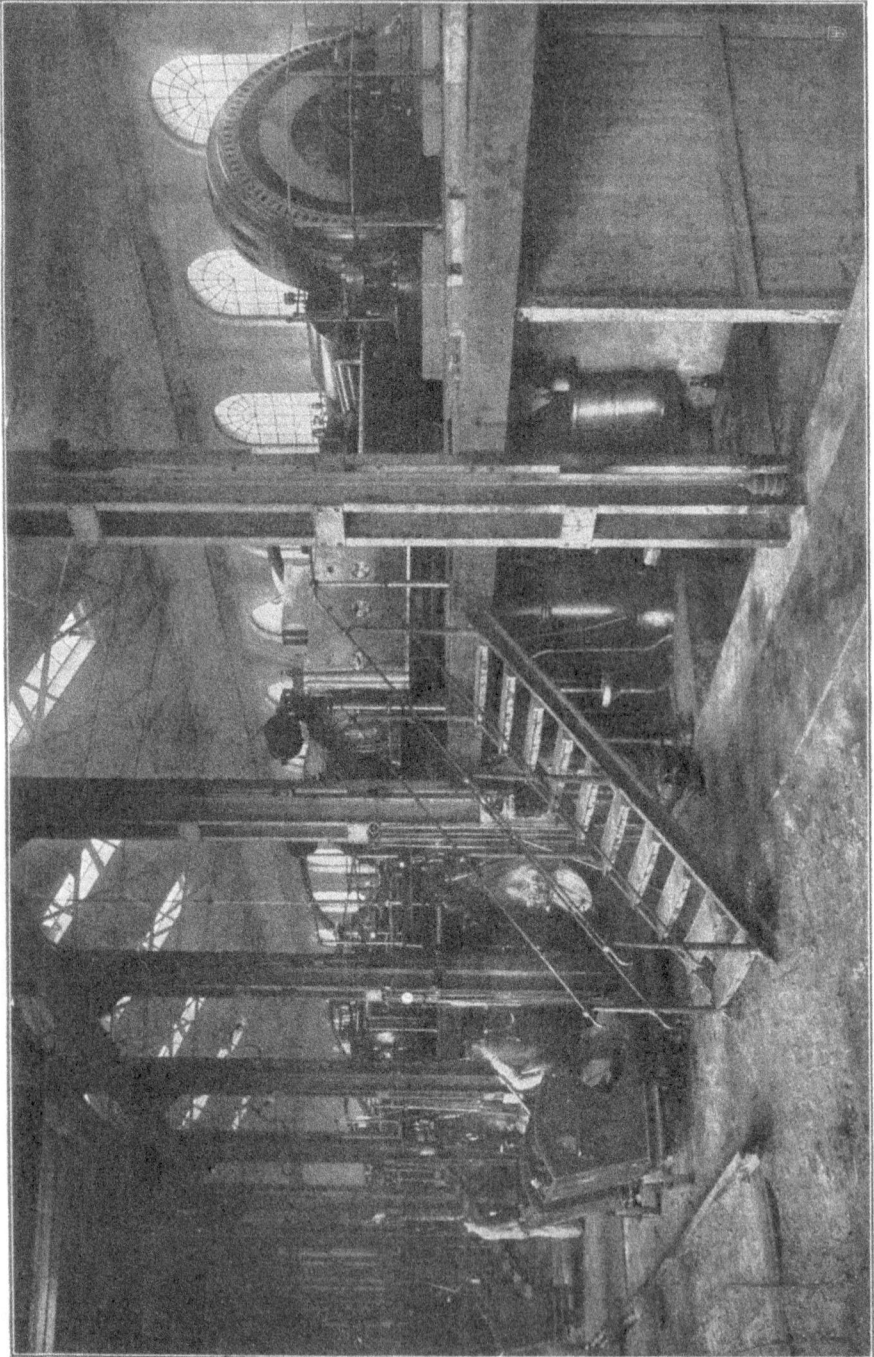

Fig. 68. Lokomobilkraftwerk der Firma Heinrich Lanz, Mannheim.

Fig. 69. Lokomobilkraftwerk der Firma Heinrich Lanz, Mannheim.

Doppellokomobile (2 Kessel, eine gemeinschaftliche Maschine) mit direkt gekuppelten Generatoren aufgestellt. Es dürfte dies die größte bestehende Lokomobilmaschine sein. Fig. 69 zeigt die Gesamtansicht der Lanzschen Lokomobilzentrale mit den Dynamos und Schalteinrichtungen. Die Zentrale hat ihren Aufbau wohl mehr dem Umstand zuzuschreiben, daß die Lokomobilen in der Maschinenfabrik selbst gebaut werden und mit der Ausdehnung des Betriebes immer neue hinzugekommen sind, als wirtschaftlichen Gründen, denn eine Zerlegung in so viele Einheiten steigert die Kosten für Bedienung und Unterhaltung.

Fig. 70. Kraftwerk mit Sicherheitskesseln, im Fabriksgebäude (Berlin) aufgestellt.

Von in bewohnten Gebäuden aufgestellten Dampfkraftwerken ist in Fig. 70 die im Keller untergebrachte Anlage der Fabrik von Laach, Schmitz & Elschick, Berlin, Greifswalderstr., veranschaulicht, die 2 Sicherheitskessel von je 90 qm besitzt und mit Dampf von 10 Atm. und 300° arbeitet; in dem durch eine Glaswand vom Kesselraum getrennten Maschinenraum erkennt man die zugehörige Dampfmaschine.

Fig. 71 zeigt das 5000 PS-Dampfkraft- und Heizwerk des Geschäftshauses Wertheim, Berlin, Voß-Leipzigerstr., mit mechanischem, direktem Saugzug, einer älteren Kesselanlage im vierten Stockwerk

und einer neueren im unterkellerten Hof[1]) (siehe auch Fig. 2). Die
Maschinenfundamente mußten hier mit den Gebäudefundamenten
und Tragpfeilern zusammengebaut werden; liegende Dampfmaschinen
und große Fundamentmassen gaben ein befriedigendes Resultat.

Von neueren Sauggaskraftanlagen stellt Fig. 72 die
Maschinenanlage des Elektrizitätswerkes Fürstenwalde dar, dessen
beide Gasmaschinen von je 200 PS von Deutz resp. Dingler geliefert sind. Im Vordergrund der Figur ist die doppelt wirkende
Deutzer Maschine sichtbar. Die Kraftgaserzeugung erfolgt durch
eine von der Firma Julius Pintsch, Berlin, gelieferte Braunkohlen-

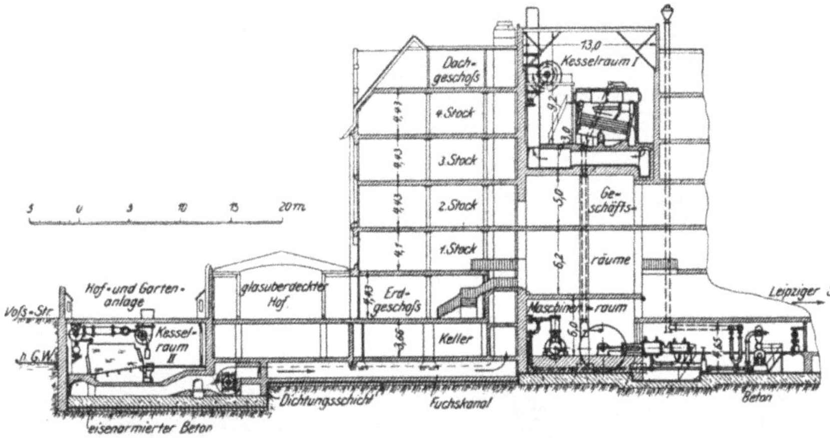

Fig. 71. Dampfkraftwerk eines Geschäftshauses in Berlin, Voß-Leipzigerstraße.

generatorgasanlage, von der in Fig. 73 die beiden Generatoren mit
der darüberliegenden Einschüttbühne, den Generatorverschlüssen, den
Gasdruckmessern und den Luftvorwärmern für die Verbrennungsluft
der oberen Brennzone dargestellt ist. Die Kraftgaserzeugungsanlage
ist sehr vollkommen durchgebildet, insbesondere auch mit Rücksicht
auf Geruchlosigkeit; das beim Anblasen, Stillsetzen etc. ausströmende
Gas wird verbrannt. Die Anlage unterscheidet sich darin sehr vorteilhaft von anderen Braunkohlengaserzeugern, die ich im Betrieb
gesehen und bei denen der ganze Raum von Gasen erfüllt war, die
den Aufenthalt darin sehr unbequem, wenn nicht gesundheits-
schädlich machten. Wie gewöhnlich in Elektrizitätswerken ist hier
reichlich Raum vorhanden, der mit Rücksicht auf die für die Reinigung erforderliche Demontage der Maschinen sehr zweckmäßig ist.

---

[1]) Siehe Josse, Privatkraftwerke. Z. d. V. d. I., 1907.

Fig. 72. Elektrizitätswerk Fürstenwalde (Sauggas).

Fig. 73. Braunkohlengeneratoren des Elektrizitätswerks Fürstenwalde.

Fig. 74.　100 PS-Güldner-Sauggasmotor.

Fig. 75.　100 PS-Güldner-Anthrazit-Generator

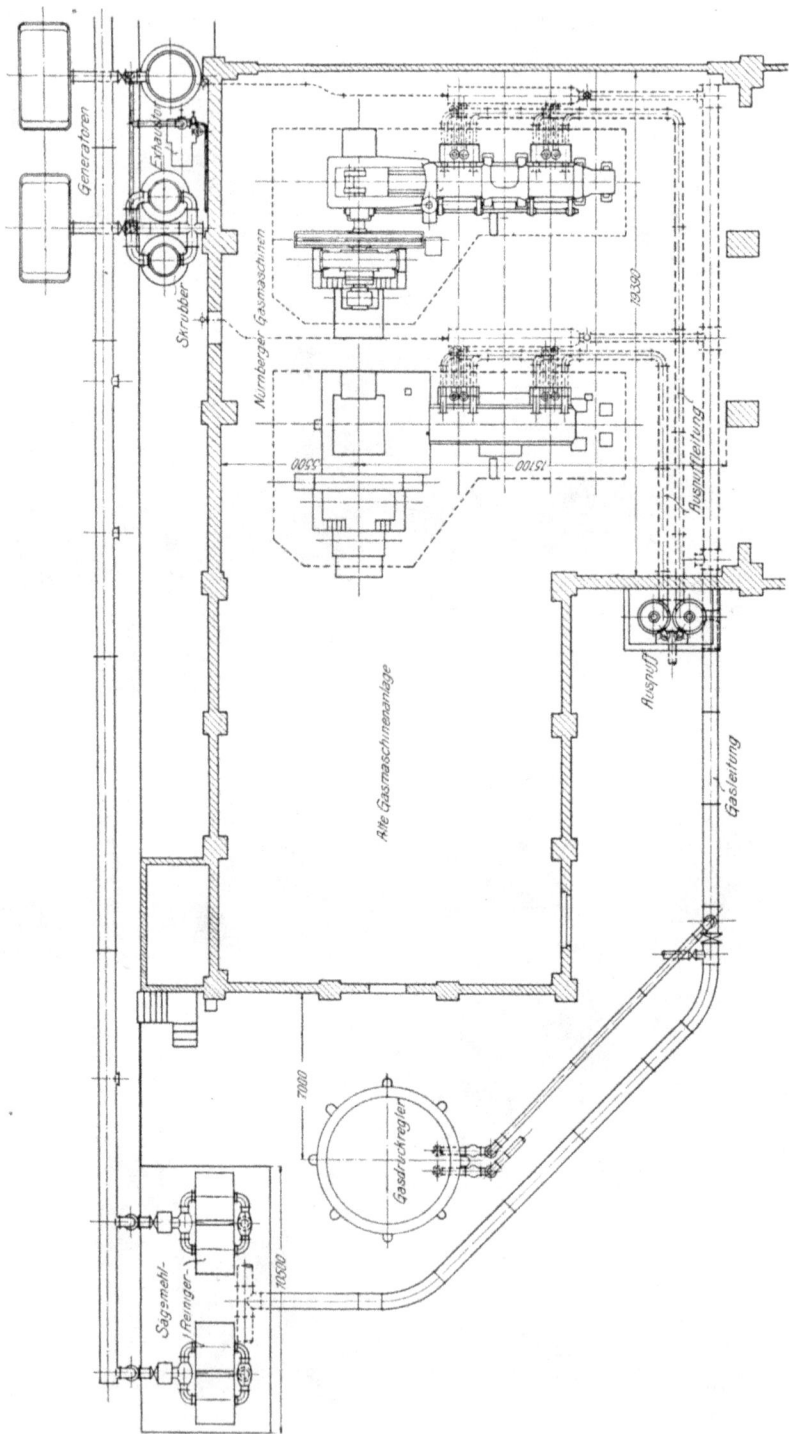

Fig. 76. Gaskraftanlage des Eisenwerkes Lauchhammer.

Sauggasanlagen lassen sich aber, wenn erforderlich, weit mehr zusammendrängen, allerdings auf Kosten der Zugänglichkeit.

Etwas geringeren Raum nehmen die Güldner-Sauggaskraftanlagen in Anspruch, deren Maschinen vertikal ausgeführt werden und deren Ventile und Kolben daher sehr bequem zugänglich und leicht mittels des Kranes ausgebaut werden können. Fig. 74 zeigt einen stehenden 100 PS Güldner-Motor und Fig. 75 die zugehörige Gaserzeugungsanlage nach Güldner, die ebenfalls sehr gedrängt gebaut ist (siehe auch Fig. 78).

Um die Aufstellung und den Raumbedarf von Sauggaskraftanlagen näher zu kennzeichnen, ist in Fig. 76 und Fig. 77 die neuere, mit Braunkohlenbriketts gefeuerte Gaskraftanlage des Eisenwerkes Lauch-

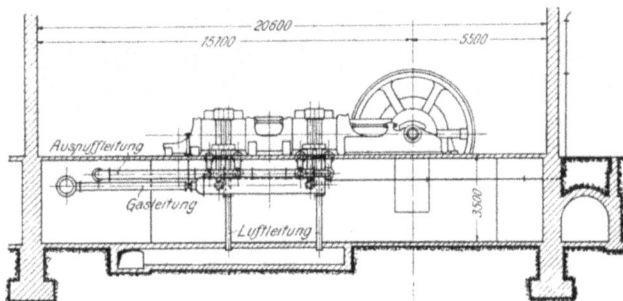

Fig. 77. 700 PS Nürnberger Gasmaschine des Eisenwerkes Lauchhammer.

hammer dargestellt (zwei Nürnberger doppeltwirkende Tandem-Gasmaschinen von je 700 PS). Die Gaserzeugungsanlage ist von Lauchhammer selbst nach Zeichnungen von Deutz gebaut.

Die allgemeine Anordnung einer Güldner-Sauggasanlage ergibt sich aus Fig. 78, während der Raumbedarf einer 200 pferdigen Güldner-Anlage in Fig. 79 und 80 (Elektrizitätswerk Offenburg i. B.) veranschaulicht ist.

Als Beispiel einer Großgasmaschinenanlage ist in Fig. 81 eine neuzeitliche im Bau befindliche Zentrale einer größeren Hütte mit Gichtgasgebläsen und -dynamos dargestellt; es werden jetzt 7 Gasgebläse und 9 Gasdynamos in Einheiten von 2000 PS und 2200 PS daselbst aufgestellt; solche Hüttenwerkszentralen stehen an Leistung und Umfang den größten Elektrizitätswerken nicht nach. Eine seit mehreren Jahren in Betrieb befindliche Anlage zeigt Fig. 82 mit älteren Nürnberger Gasmaschinen, deren Bauart neuerdings in bezug auf die Steuerung wesentlich vereinfacht worden ist (s. Fig. 83).

Den geringsten Raumbedarf beanspruchen die Dieselmaschinenanlagen, da die Erzeugungseinrichtung des Treibmittels
in Wegfall kommt. Der zur Durchführung des Arbeitsverfahrens
notwendige Luftkompressor wird in der Regel, liegend oder stehend,
mit der Maschine organisch verbunden; die Anlaß- und Einblasluft-
behälter sind in nächster Nähe der Maschine, bequem bedienbar, anzuordnen. Zur eigentlichen Maschinenanlage kommt nur noch die Aufstellung eines oder mehrerer Behälter zur Aufnahme des flüssigen, mit
Tankwagen angefahrenen Brennstoffes hinzu, deren Inhalt eine Waggon-
ladung aufzunehmen vermag. Im Paulsenhaus, Hamburg (Fig. 84),
wo im Keller drei Motoren von Gebr. Körting stehen (ein liegender

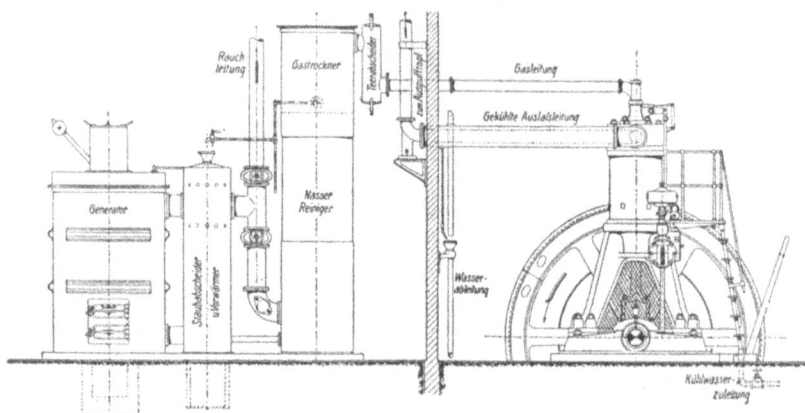

Fig. 78. Anordnung einer Güldner-Sauggaskraftanlage.

Zwillingsmotor nach Trinkler von 70 PS, ein ebensolcher nach
Dieselverfahren und ein kleinerer einzylindriger von 30 PS), sind
zwei Ölbehälter von je 9400 cbm Inhalt aufgestellt, die im Neben-
raum zugänglich untergebracht sind. Fig. 85 zeigt ein neueres
Dieselmaschinenkraftwerk des Weinhauses Rheingold, Berlin (drei
Dieselmotoren à 300 PS der M.A.N. in einer Achse). In Fig. 86 ist
das Dieselmaschinenkraftwerk des Hotels Fürstenhof, Berlin, veranschaulicht, 2 M.A.N.-Motoren à 120 PS, die beide in einem unterkellerten Hof untergebracht sind, wobei zur Verminderung der lichten
Höhe des Maschinenraumes das Herausnehmen der Kolben durch
eine Öffnung in der Decke erfolgt.

Der Fundament- und Raumbedarf einer Dieselmaschinenanlage
ergibt sich aus Fig. 87—89, die die vier Motoren à 200 PS des Waren-
hauses Tietz, München, veranschaulichen.

In neuester Zeit ist das Bestreben vorhanden, die in einem Zylinder einer Dieselmaschine untergebrachte Leistung zu vergrößern. Fig. 90 zeigt eine zweizylindrige Güldner-Gleichdruckölmaschine

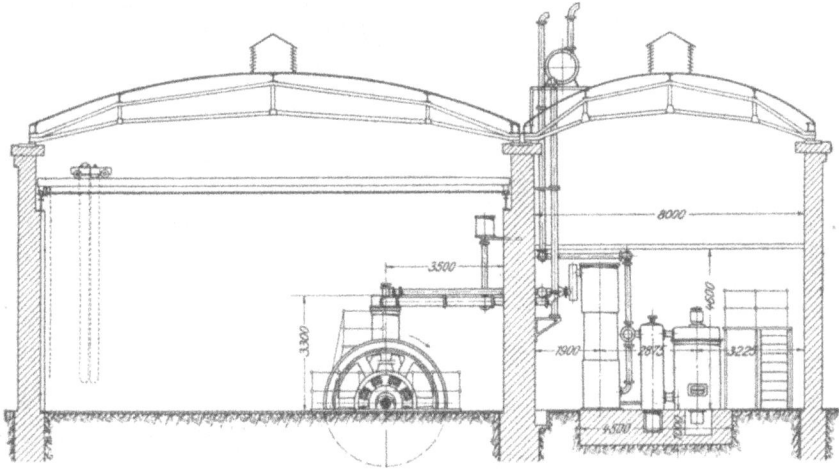

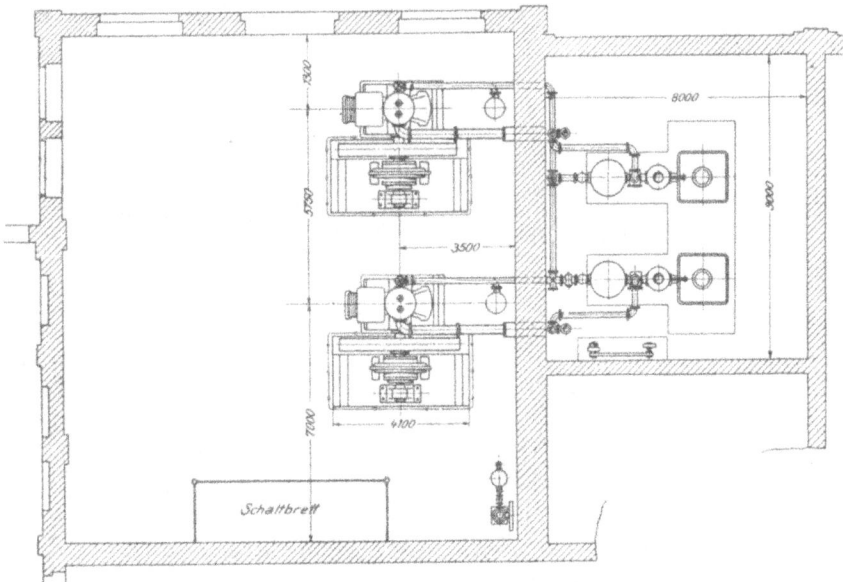

Fig. 79 und 80. Güldner-Sauggasanlage des Elektrizitätswerks Offenburg i. B. 2 Motoren à 100 PS.

von 300 PS, in jedem einfachwirkenden Zylinder also die verhältnismäßig hohe Leistung von 150 PS. In der Überlandzentrale Wirsitz (Drehstrom) sind 3 solcher Maschinen aufgestellt, die mit verhältnis-

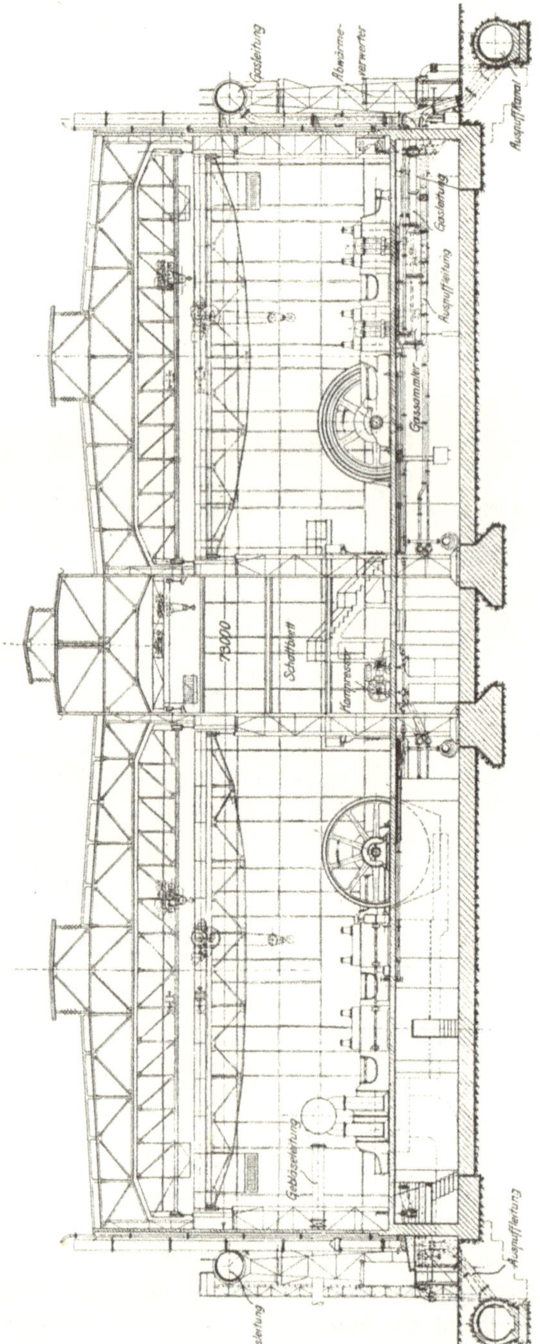

Fig. 81. Gichtgasmaschinenzentrale der Adolf-Emil-Hütte, Esch a. Alzette.

Fig. 82. Gichtgasmaschinenzentrale Rombach.

Fig. 83. Neue Nürnberger Großgasmaschine 2460 PS (mit vereinfachter Steuerung).

Fig. 84. Ölmotorenanlage (Körting) im Paulsenhaus Hamburg.

Fig. 85. Dieselmaschinenkraftwerk des Weinhauses Rheingold (Berlin).

Fig. 86. Dieselmaschinenkraftwerk des Hotels Fürstenhof (Berlin).

mäßig hoher Überlastungsfähigkeit und sehr schweren Schwung-
massen ausgestattet, den Nachweis erbracht haben, daß auch in
Zentralen mit starken Stromstößen (elektrische Pflüge) die Dieselmaschine brauchbar ist und Schwierigkeiten in bezug auf das Par-

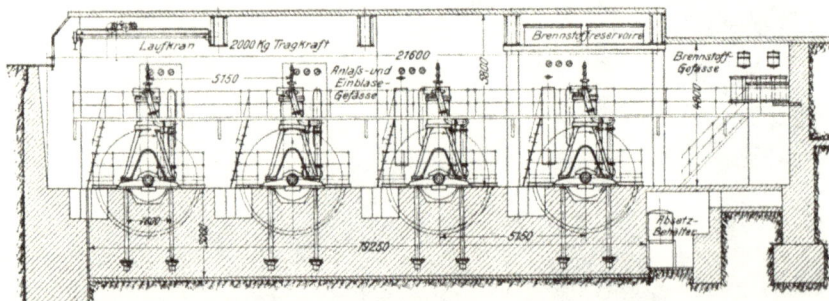

Fig. 87.   4 Dieselmaschinen à 200 PS, Warenhaus Tietz, München.

allelschalten nicht bestehen. Überhaupt ist die Leistungsgrenze der
Einheit ganz wesentlich hinaufgeschoben worden, und es werden heute
bereits stationäre Maschinen mit 2000 PS ausgeführt; die Abb. 91
zeigt einen Schnitt durch eine Kurbelseite einer neuen doppelt-

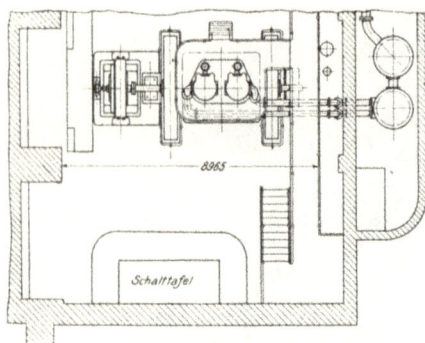

Fig. 88.   Grundriß.   Fig. 89.   Schnitt.
Dieselmaschinenanlage Warenhaus Tietz, München.

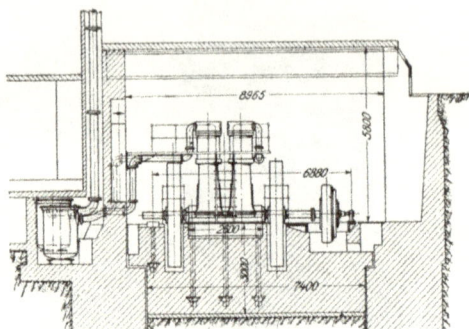

wirkenden Großdieselmaschine liegender Bauart (Nürnberg), Abb. 92
läßt deren Gesamtaufbau erkennen; die 4 Zylinder sind in Zwillings-
Tandem-Anordnung gelagert; sie ist in dem Elektrizitätswerk Halle a. S.
neben 5 Dampfmaschinen aufgestellt und hat den besonderen Zweck,
bei momentan einsetzenden Belastungen zugeschaltet zu werden,

wozu sich die Dieselmaschine infolge ihrer augenblicklichen Betriebsbereitschaft besser als alle anderen Kraftmaschinen eignet.

Es ist kaum möglich, den Raumbedarf von Kraftanlagen allgemein zahlenmäßig anzugeben, da die Anordnung einerseits von

Fig. 90. Zweizylindrige Dieselmaschine, Bauart Güldner, 300 PS, der Überlandzentrale Wirsitz.

den örtlichen Verhältnissen abhängt, man anderseits die Anlagen
sehr gedrängt oder weit anordnen kann. Insbesondere für Dampfmaschinenanlagen lassen sich wegen der verschiedenen Touren-
zahlen usw. schwer allgemeine Anhaltspunkte geben, der Raumbedarf dieser Kraftwerke ist auch allgemein bekannt. Einige Angaben in bezug auf das Raumerfordernis der Dampfmaschinen sind

10*

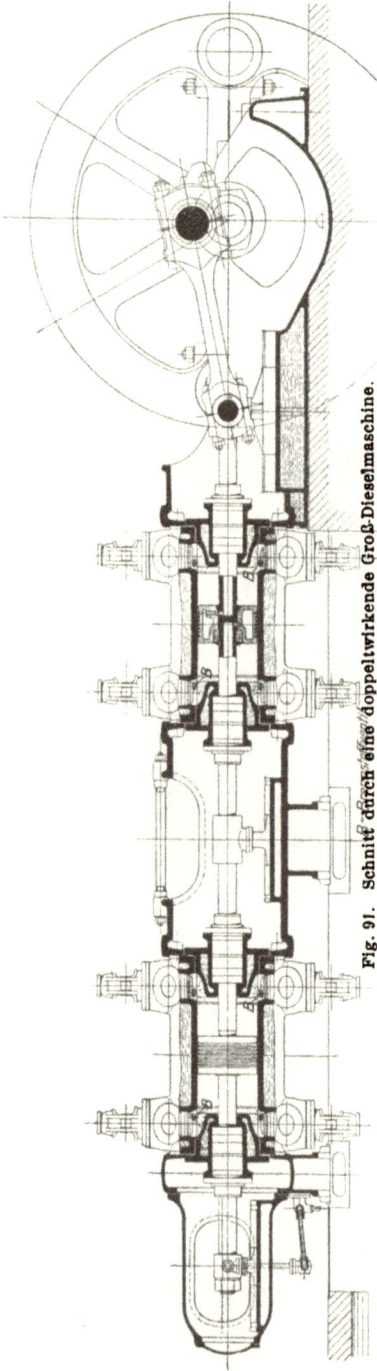

Fig. 91.   Schnitt durch eine doppeltwirkende Groß-Dieselmaschine.

Fig. 92. Doppeltwirkende Groß-Dieselmaschine 1600—2000 PS, M.A.N., Elektrizitätswerk Halle a. S.
Zylinder-Durchmesser 650 mm, Kolbenstangen-Durchmesser 200 mm, Kolbenhub 900 mm, Tourenzahl pro Minute $n_{max} = 150$.

in Zahlentafel 10 unten mitgeteilt. Für Gaskraft- und Dieselmaschinenanlagen erscheint es schon eher möglich, eine Darstellung des Raumbedarfs für mittlere Verhältnisse zu geben.

In Fig. 93 sind für verschiedene Maschinenleistungen die Grundfläche und die Höhe des Maschinenraumes für Dieselmaschinen sowie
für Gaskraftanlagen dargestellt, während für kleinere Maschinen für
Gas- und flüssige Brennstoffe die erforderliche Mindestgrundfläche
des Aufstellungsraumes aus Fig. 59, oben (Seite 124) ersichtlich ist.

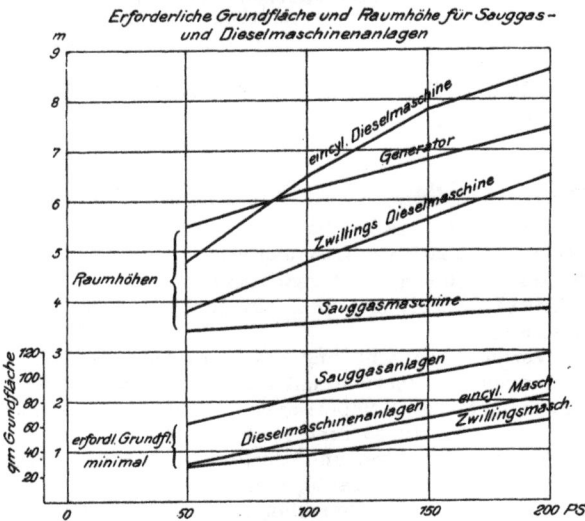

Fig. 93.

In der hiermit abgeschlossenen Studie ist versucht worden, in
knapper Darstellung auf die zahlreichen Gesichtspunkte hinzuweisen,
die bei der Erstellung einer wirtschaftlich hohen Anforderungen
entsprechenden Wärmekraftanlage berücksichtigt werden müssen.

Es dürfte sich aus den Ausführungen ergeben haben, daß bei
einer solchen Aufgabe zahlreiche Momente beachtet werden müssen
und daß der Entwurf, die Anordnung und Erstellung einer wirtschaftlichen Kraftanlage ein eigenes Sondergebiet darstellen, dessen Be-
herrschung nicht nur genaue Kenntnis der Kraftmaschinen an sich
erfordert, sondern auch die technischen und wirtschaftlichen Verhältnisse der Gesamtanlage und die Anforderungen des Betriebs zu
einer einheitlichen Lösung zu verarbeiten versteht.

9 783486 740189